普通高等教育基础医学类系列教材

生物化学与
分子生物学实验教程

第2版

朱月春　杨银峰　主编

科学出版社

北京

内 容 简 介

《生物化学与分子生物学实验教程》（第 2 版）是为适应高等医科院校的实验教学改革和发展，以注重基本技能、强化学生实践能力为指导思想，在第 1 版的基础上修订和编写而成。本教材由基础性实验、综合性实验和创新设计性实验三篇构成。实验内容既有蛋白质、核酸、酶学、糖类、脂类分析，也有生物分子之间的相互作用检测，还有来源于教师们科研项目的综合性实验和创新设计性实验，有利于培养学生的实践能力、综合分析能力。附录中有常用仪器、技术等中英文词汇对照表。本教材内容较新颖，体系较完整，不同层次实验的培养目标有所侧重，便于不同层次教学选择。

本教材可供医学院校本（专）科及研究生实验教学使用，也可作为教师、医师和技术人员的科研参考书。

图书在版编目（CIP）数据

生物化学与分子生物学实验教程 / 朱月春，杨银峰主编. —2 版. —北京：科学出版社，2021.6

普通高等教育基础医学类系列教材

ISBN 978-7-03-068640-4

Ⅰ. ①生… Ⅱ. ①朱… ②杨… Ⅲ. ①生物化学－实验－医学院校－教材 ②分子生物学－实验－医学院校－教材 Ⅳ. ① Q5-33 ② Q7-33

中国版本图书馆 CIP 数据核字（2021）第071248号

责任编辑：刘 畅 / 责任校对：严 娜

责任印制：吴兆东 / 封面设计：迷底书装

科学出版社出版

北京东黄城根北街16号

邮政编码：100717

http://www.sciencep.com

天津市新科印刷有限公司印刷

科学出版社发行 各地新华书店经销

*

2015年 1 月第 一 版 开本：787×1092 1/16

2021年 6 月第 二 版 印张：11 3/4

2026年 1 月第九次印刷 字数：300 000

定价：49. 80 元

（如有印装质量问题，我社负责调换）

普通高等教育基础医学类

系列教材

专家指导委员会

普通高等教育基础医学类

系列教材

生物化学与分子生物学实验教程（第2版）编委会名单

主编

朱月春　杨银峰

副主编

狄　勇　武　静　张　巧　李治纲

其他编委

（按姓氏汉语拼音排列）

范　浩　冯维杨　贺　铭　李树德　李思熳
李小洁　梁蕾蕾　彭　莉　赛步青　唐　璟
王　昕　吴　静　吴冠儒　杨　云　袁　方
张　正　赵一卉

前　言

医学实验教学是医学教育的重要组成部分，是培养学生实践能力、科学思维和创新精神的主要途径，因此，提高医学实验教学质量将有助于整体医学教育水平的提升。生物化学与分子生物学实验技术是当代医学研究的重要手段和方法，也是医学相关专业和各层次学生的必修实验课。为了适应高等医科院校实验教学改革和发展的需要，构建多层次、多模块的实验教学体系，2014 年我们编写了《生物化学与分子生物学实验教程》。经历了 6 年的教学实践，在深化医学教育改革与发展的时代要求与背景下，我们根据生物化学与分子生物学技术的发展，调整结构、更新知识、纠正错误，以满足教学需求。第 2 版《生物化学与分子生物学实验教程》的内容分为三篇共包括 45 个实验。具体调整如下。

（1）删除了原第二篇“生物化学与分子生物学技术”。

（2）第一篇：“基础性实验”由原第一篇的第一章改编而成。编排上由原 16 个实验改为 10 个实验。主要改动是将血液生化指标合并，删除原实验 15（酵母 RNA 成分鉴定）等。

（3）第二篇：“综合性实验”由原第一篇的第二章改编而成。编排上由原 18 个实验改为 24 个实验（即实验 11～实验 34）。主要增补了以 G6PD 为核心设计的实验，如“pET-32a（＋）-*G6PD* 重组表达质粒的构建与鉴定”、“小鼠 *G6PD* 的 6His 融合蛋白在大肠杆菌中的表达和纯化”、“6His-G6PD 融合蛋白的 Western Blot 分析”，以及“免疫共沉淀 G6PD 相互作用蛋白”和“IEF 检测与 G6PD 相互作用的蛋白质等电点”等实验，调整原实验 17“真核细胞基因组 DNA 的提取、定量和纯度测定”到第一篇，并删除了原实验 18、实验 24～实验 26。

（4）第三篇：“创新设计性实验”由原第一篇的第三章改编而成。编排上由原 9 个实验改为 11 个实验（即实验 35～实验 45）。增补了“氧化应激指标（ROS）的分析”、“siRNA 干扰人肾癌细胞 G6PD 表达”、“双荧光素酶报告实验检测转录因子对 *G6PD* 基因的转录调控”，并将原实验 36（针刺“足三里”穴对家兔血糖浓度双向调节作用的观察）调整到第二篇，将原实验 35（乙醛脱氢酶基因型检测）改为设计性实验。

（5）更新了参考文献和附录的信息。

本教材引入了新的实验技术，注重实验的科学性与实用性相结合、知识传授与素质培养相结合、实验技术与临床应用相结合。各医科院校可根据各专业各层次教学的目标和要求，选择本教程中不同模块的实验项目实施实验教学。此外，本教材可以作为广大教师、研究生、医师和技术人员科研工作的重要参考书。

由于编者水平有限，教材中一定存在不当或错误，恳请同行专家和同学们批评指正，提出宝贵意见。

朱月春　杨银峰

2021 年 5 月于昆明

目　录

第一篇

基础性实验

经过长期实验教学实践证明，这一部分收录的10个基础性实验有利于巩固学生的生物化学与分子生物学基本理论知识，有助于培养学生的基本实验操作技能。根据医学生物化学与分子生物学教学的逻辑和规律，实验教学内容按物质分类编排，实验1～实验3是有关蛋白质定性、定量检测与分离技术，实验4～实验5是关于血液生化指标检测，实验6～实验7是酶学相关实验，实验8～实验10则涉及DNA提取与基因扩增技术。这些基础性实验几乎涉及了大部分生物化学与分子生物学的基本技术，例如分光技术、电泳技术、离心技术以及PCR技术等，是医科院校本科实验教学的重要组成部分。

实验1　蛋白质的呈色反应、沉淀现象观察及等电点的测定

【实验目的】

1. 能够阐述蛋白质等电点的概念、盐析法沉淀蛋白质的基本原理。

2. 能够利用沉淀现象分析引起蛋白质沉淀的因素。

【实验原理】

将尿素加热至180 ℃左右，两分子尿素脱去一分子氨缩合成双缩脲，在碱性溶液中，双缩脲与硫酸铜结合，生成紫色或紫红色的复合物，此即双缩脲反应。凡含有两个以上肽键的化合物，都能发生双缩脲反应，故一切蛋白质及二肽以上的物质都有此反应。

凡是含有自由氨基的化合物，如蛋白质、多肽、各种氨基酸（脯氨酸和羟脯氨酸除外）以及其他伯胺化合物（包括氨），与茚三酮的水合物共热时，可生成紫蓝色的化合物。

维持蛋白质胶体溶液稳定的因素主要是同种电荷和水化膜。当这两个因素遭破坏后，蛋白质分子颗粒就发生聚集并析出沉淀。能使蛋白质沉淀的化学试剂主要有：中性盐类、某些有机溶剂、重金属盐类及生物碱试剂等。向蛋白质溶液中加入高浓度的中性盐时，蛋白质从溶液中沉淀析出，此即为是盐析。

蛋白质分子在酸性或碱性环境中，带有正电荷或负电荷，互相排斥，不易形成沉淀，在等电点时，由于失去同种电荷相互排斥的作用，很容易形成沉淀。体内各种蛋白质的等电点不同，但大多数蛋白质的等电点接近于pH 5.0。

蛋白质分子在大于等电点的pH溶液中，与带有正电荷的重金属离子结合，即形成不再溶解的沉淀。重金属盐类沉淀蛋白质，能引起蛋白质变性，而中性盐类即使加入量很多也不改变蛋白质原有的性质。

生物碱是植物中具有显著生理作用的一类含氮的碱性有机物质。凡能够使生物碱沉淀，或能与生物碱作用而呈色的物质，称为生物碱试剂，主要有：磷钨酸、苦味酸、鞣酸等。蛋白质在小于等电点的pH溶液中，能与生物碱试剂中的负离子结合而形成沉淀，此沉淀通常可在碱性溶液中再溶解。蛋白质能与沉淀生物碱的试剂作用而产生沉淀，可能是由于蛋白质含有与生物碱相似的含氮基团。

所有蛋白质都可因为高温加热破坏了其分子内部的化学键而变性、凝固。溶液中的蛋白质在过酸或过碱环境中容易变性，此时若温度升高，蛋白质虽变性但不产生沉淀，冷却后，调节溶液的pH到等电点时，则有沉淀析出。

【实验器材与试剂】

1. 实验器材

移液器、电炉或电磁炉、恒温水浴箱、滤纸、Φ50 mm 漏斗、10 mL 量杯、刻度吸

量管。

2. 试剂

10% 卵清蛋白溶液、10%NaOH 溶液、10%HCl 溶液、1%$CuSO_4$ 溶液、尿素、0.1% 茚三酮乙醇液、0.25% 丙氨酸溶液、0.5%NaOH 溶液、0.5%$ZnSO_4$ 溶液、饱和（NH_4）$_2SO_4$ 溶液、10% 磺基水杨酸溶液、1% 乙酸溶液、10% 乙酸溶液、0.5% 酪蛋白的乙酸钠溶液（称取纯酪蛋白 0.5 g，置于 100 mL 容量瓶内，加蒸馏水 40 mL、1 mol/L NaOH 溶液 10 mL 后摇匀，使酪蛋白溶解后再加入 1 mol/L 乙酸 10 mL，最后用蒸馏水稀释至刻度）。

【实验步骤】

1. 蛋白质的呈色反应

（1）双缩脲反应

① 取试管 1 支，加入 10% 卵清蛋白溶液 0.1 mL、10%NaOH 溶液 0.25 mL 及 1% $CuSO_4$ 溶液 0.1 mL，混匀后，观察试管中的溶液呈现出什么现象？记录并解释。

② 另取试管 1 支，加入尿素 0.5 g，加热使尿素熔化，此时可嗅到什么气味？继续加热使之凝固，该固体为何物？加入蒸馏水 2 mL 使固体溶解，再加入 10%NaOH 溶液 0.25 mL、1%$CuSO_4$ 溶液 0.1 mL，试管中的溶液呈现出什么现象？记录并解释。

（2）茚三酮反应

① 取试管 1 支，加入 10% 卵清蛋白溶液 0.2 mL、蒸馏水 0.5 mL 及 0.1% 茚三酮乙醇液 0.3 mL，混匀后置于沸水浴中加热，1 min 后取出。观察试管中溶液呈现出什么颜色，冷却后有何变化？

② 另取试管 1 支，加入 0.25% 丙氨酸溶液 0.2 mL、蒸馏水 0.5 mL 及 0.1% 茚三酮乙醇液 0.3 mL，混匀后置于沸水浴中加热，1 min 后取出。观察试管中溶液呈现出什么颜色，冷却以后有何变化？

2. 蛋白质的沉淀反应

（1）蛋白质的盐析

① 取试管 1 支，加入 10% 卵清蛋白溶液 5 mL、饱和（NH_4）$_2SO_4$ 溶液 5 mL，混匀，静置 20 min 后则球蛋白全部析出沉淀。将静置后的液体过滤，收集过滤后的透明液（滤液中含有清蛋白）。若滤液浑浊须重复过滤至透明为止。

② 另取试管 1 支，加入上述清滤液 1 mL、固体（NH_4）$_2SO_4$ 0.5 g，摇动试管至溶液出现混浊。再向浑浊溶液［不含（NH_4）$_2SO_4$ 结晶颗粒］中加入蒸馏水 2.0 mL，摇匀，记录结果并解释。

（2）重金属盐类沉淀蛋白质　取试管 1 支，加入 10% 卵清蛋白溶液 1 mL 和 0.5% NaOH 溶液 50 μL，混匀。再加入 0.5%$ZnSO_4$ 溶液 0.3 mL，记录结果并解释。

（3）生物碱试剂沉淀蛋白质

① 取试管 1 支，加入 10% 卵清蛋白溶液 1 mL、10%HCl 溶液 50 μL，混匀。再加入 10% 磺基水杨酸溶液 0.2 mL，混匀，记录结果。

② 另取试管 1 支，加入 10% 卵清蛋白溶液 1 mL、10%NaOH 溶液 0.3 mL，混匀。再加入 10% 磺基水杨酸溶液 0.2 mL，混匀，记录结果。

③ 比较两支试管中溶液的变化，并解释原因。

（4）加热沉淀蛋白质

① 取试管 4 支，编号后按表 1-1 加入试剂：

表 1-1　加热沉淀蛋白质反应体系配制

试剂	1	2	3	4
10% 卵清蛋白溶液（mL）	1.0	1.0	1.0	1.0
1% 乙酸溶液（μL）	—	50	—	—
10% 乙酸溶液（mL）	—	—	0.5	—
10%NaOH 溶液（mL）	—	—	—	0.5

② 将 4 支试管同时放入沸水浴中，1 min 后取出，记录现象，并解释原因。

③ 冷却后，向第 3 支试管中缓慢加入 10%NaOH 溶液，每次 30 μL，边加边摇动试管，观察现象并记录所加 NaOH 溶液的量。

④ 向第 4 支试管中缓慢加入 10% 乙酸溶液，每次 0.2 mL，边加边摇动试管，观察现象并记录所加乙酸溶液的量。

3. 蛋白质等电点的测定

（1）取直径相同的试管 5 支，编号后按表 1-2 准确加入试剂。

表 1-2　蛋白质等电点测定的反应体系配制

试剂	1	2	3	4	5
蒸馏水（mL）	8.4	8.7	8.0	8.2	7.4
0.01 mol/L 乙酸（mL）	0.6	—	—	—	—
0.10 mol/L 乙酸（mL）	—	0.3	1.0	—	—
1.00 mol/L 乙酸（mL）	—	—	—	0.8	1.6
加酪蛋白乙酸钠溶液后相当的 pH	5.9	5.3	4.7	4.0	3.5

（2）向各管中加入酪蛋白的乙酸钠溶液 1 mL，边加边摇（切勿在各管都加完后才摇），静置 10～30 min 后，分别比较各管的浑浊度，并用（＋）符号表示。沉淀最多而上清液透明管的溶液 pH 即为酪蛋白的等电点。记录其等电点。

【注意事项】

等电点的测定时，在向各管中加入酪蛋白的乙酸钠溶液 1 mL 时，边加边摇，切勿在各管都加完后才摇动试管。静置后观察浑浊度时，不能摇晃试管。

【思考题】

1. 什么是蛋白质的两性解离及等电点？引起蛋白质沉淀的主要因素有哪些？
2. 是不是只要发生双缩脲反应就一定有蛋白质存在？氨基酸能不能发生双缩脲反应？

（吴冠儒）

实验 2　蛋白质含量的测定

蛋白质含量的测定方法很多，各有优缺点，本实验主要介绍了双缩脲法、考马斯亮蓝染色法、紫外法的相关实验操作。

【实验目的】

1. 能够阐述双缩脲法、考马斯亮蓝染色法及紫外法测定蛋白质的原理。

2. 能够独立完成蛋白质定量测定的实验操作。

一、双缩脲法测定血清蛋白质含量

【实验原理】

两分子脲经 180 ℃左右加热，释放出一分子氨后，得到双缩脲（$NH_3CONHCONH_3$）。在强碱性条件下，双缩脲与 Cu^{2+} 生成紫红色络合物，称为双缩脲反应。凡具有两个酰胺基，或两个及以上肽键的化合物，都能进行双缩脲反应。紫红色络合物颜色的深浅与蛋白质浓度成正比，而与蛋白质分子质量及氨基酸成分无关，故可用来测定蛋白质含量。

本实验将血清中的总蛋白质，经双缩脲试剂显色后，再通过比色测定其含量。

本法测定范围为 1～10 mg 蛋白质，优点是快速、干扰物质少，且不同蛋白质显色相似，缺点是灵敏度差，适用于精度要求不高但需快速测定的样本。

【实验器材与试剂】

1. 实验器材

刻度吸量管、洗耳球、试管、可见分光光度计。

2. 试剂

（1）稀释血清：取 1 mL 血清（人、兔或其他蛋白样品），置于 100 mL 容量瓶中，加 0.9%NaCl 溶液稀释至刻度（此为稀释 100 倍，或根据具体情况酌情稀释 100～300 倍）。

（2）双缩脲试剂（碱性铜试剂）：称取 1.75 g 硫酸铜（$CuSO_4 \cdot 5H_2O$）置于 1000 mL 烧杯中，先加蒸馏水使之溶解，将此溶液移至 1000 mL 容量瓶中。再加入 300 mL 浓氨水和 200 mL 饱和 NaOH 溶液混匀，以蒸馏水加至 1000 mL，置于塑料瓶中避光长期保存，但有沉淀或无氨水气味则不能再用。

（3）标准蛋白溶液（1 mg/mL）：牛血清白蛋白用 0.9%NaCl 溶液溶解、稀释至终浓度 1 mg/mL，存于冰箱中，可保存一个月。此标准蛋白溶液用以绘制标准曲线及在测定时用作标准对照。

【实验步骤】

1. 标准曲线的绘制

取试管 6 支，按表 2-1 操作。

表 2-1 标准蛋白质溶液稀释、比色的体系配制

试剂	0	1	2	3	4	5
标准蛋白质溶液（mL）	—	0.6	1.2	1.8	2.4	3
0.9%NaCl 溶液（mL）	3	2.4	1.8	1.2	0.6	—
蛋白质溶液浓度（mg/mL）	0	0.2	0.4	0.6	0.8	1
碱性铜试剂（mL）	2	2	2	2	2	2

混匀各管，室温下放置 30 min，以空白管调零，在波长 540 nm 比色，记录各管吸光度值。以各管的蛋白质浓度为横坐标，吸光度值为纵坐标，作图绘制标准曲线。

2. 稀释血清总蛋白浓度测定

取试管 2 支，按表 2-2 操作。

表 2-2 待测稀释血清比色的体系配制

试剂	空白管	测定管
待测稀释血清（mL）	—	3
0.9%NaCl 溶液（mL）	3	—
双缩脲试剂（mL）	2	2

混匀各管，室温下放置 10 min，以空白管调零，在波长 540 nm 比色，记录测定管吸光度值。

【实验结果】

以测定管吸光度读数查标准曲线，求得待测稀释血清总蛋白含量，再乘以 100 的稀释倍数，即得到血清总蛋白含量。

【参考范围】

正常人血清总蛋白参考范围为 60～80 g/L 血清。

【临床意义】

血液中全部清蛋白、纤维蛋白原、部分 α- 球蛋白和 β- 球蛋白等都在肝脏内合成，γ- 球蛋白主要由网状内皮系统合成。临床上某些疾病会使肝脏合成功能障碍，血液中蛋白质种类和数量变化。因此检测血清蛋白的含量，可以协助诊断肝脏疾病，并作为疗效观察、预后判断的指标。

（1）血清总蛋白浓度增高见于：蛋白质合成增加、失水引起血液浓缩等。

（2）血清总蛋白浓度降低见于：肝细胞功能受损、蛋白质丢失、营养不良或吸收不良、慢性消耗性疾病等。

【注意事项】

双缩脲试剂中含有氨水，对眼、鼻、皮肤有刺激性和腐蚀性，使用时需注意防护。

（梁蕾蕾）

二、考马斯亮蓝染色法测定血清蛋白质含量

【实验原理】

考马斯亮蓝法（bradford method）是用染料考马斯亮蓝 G-250（coomassie blue G-250）对蛋白质染色并进行精确定量的方法。研究发现，游离染料因不同 p*K*a 值而存在四种不同的离子形式。其中，染料中的三种荷电形式在酸性条件下较为突出，大多数阳离子呈现红色和绿色，其最大吸收峰分别为 470 nm 和 690 nm；大多数阴离子能与蛋白质结合，呈现蓝色，其最大吸收峰为 595 nm。在酸性条件下，染料中的阴离子与蛋白质结合所形成的蓝色复合物的颜色深浅与溶液中的蛋白质浓度成正比，据此，可通过测定染料的蓝色离子态对样品中的蛋白质做定量分析，通常在 595 nm 处测定其吸光度值。

因染料更容易结合蛋白质分子中的精氨酰基和赖氨酰基，因此不同蛋白质分子可因精氨酰和赖氨酰残基的含量不同而影响其吸光度值，经修饰改进后，本法已经克服了上述缺点。本法具有操作简单、快速，灵敏度和精确度较高的优势，因此在蛋白质定量分析中应用比较普遍。

本法有两种分析方法，即：标准分析，适合测定浓度在 10～100 μg/mL 的蛋白质样品；微量分析，适合测定浓度在 1～10 μg/mL 的蛋白质样品。后者虽灵敏高，但测定结果易受样品中其他化合物影响，本节主要介绍标准分析方法。

【实验器材与试剂】

1. 实验器材

分光光度计、移液器及吸头。

2. 试剂

（1）标准蛋白质溶液（1 mg/mL）、考马斯亮蓝 G-250 试剂（参见附录二）

（2）0.9%NaCl 溶液、95% 乙醇、磷酸（85%，*m*/*V*）。

（3）兔血清：准确吸取 0.25 mL 兔血清（或其他蛋白样品），置于 50 mL 容量瓶中，加 0.9%NaCl 溶液稀释至刻度（此为稀释 200 倍，或根据具体情况酌情稀释）。

【实验步骤】

1. 制备标准曲线

取试管 6 支，按表 2-3 操作。

表 2-3 标准蛋白质溶液稀释、比色的体系配制

试剂	空白管	1	2	3	4	5
标准蛋白质溶液（μL）	0	100	50	25	12.5	6.25
0.9%NaCl 溶液（μL）	100	0	50	75	87.5	93.75
蛋白质溶液浓度（mg/mL）	0	1	0.5	0.25	0.125	0.0625
考马斯亮蓝试剂（mL）	5	5	5	5	5	5

混匀各管，在 5～60 min 内，以空白管调零，于波长 595 nm 处比色，记录各管吸光度值。以蛋白质浓度为横坐标，各管的吸光度值为纵坐标作图制备标准曲线。

2. 兔血清蛋白质浓度测定

取试管 2 支，按表 2-4 操作。

表 2-4 待测稀释血清比色的体系配制

试剂	空白管	测定管
待测稀释血清（μL）	—	100
0.9%NaCl 溶液（μL）	100	—
考马斯亮蓝试剂（mL）	5	5

混匀各管，在 5～60 min 内，以空白管调零，于波长 595 nm 处比色，记录测定管吸光度值。

【实验结果】

以测定管吸光度值查标准曲线求得待测血清蛋白含量。

【注意事项】

1．显色结果受时间与温度影响较大，因此须注意保证待测样品与标准蛋白质溶液的测定控制在同一条件下进行。必须在试剂加入后的 5～60 min 内测定吸光度，因为在这段时间内颜色较稳定。

2．有些常用试剂如 Tris、巯基乙醇、蔗糖、甘油等会对实验结果产生干扰。

（冯维杨）

三、紫外法测定血清蛋白质含量

【实验原理】

蛋白质因含有酪氨酸、色氨酸和苯丙氨酸在近紫外区有光谱吸收，其最大吸收峰在 280 nm。在一定范围内，蛋白质溶液在 280 nm 处的吸光度值与蛋白质的浓度呈正比，采用紫外分光分析技术可对样品中的蛋白质做定量分析。

紫外吸收法（UV absorption），操作简单，样品可回收，灵敏度高，蛋白质定量的最佳适用范围是 0.1～1.0 mg/mL。缺点是干扰因素多，吸光度值会因不同蛋白质分子中酪氨酸、色氨酸含量不同而存在较大差异；若样品中含有碱基、核苷酸或核酸，吸光度值也会受到较大干扰。

【实验器材与试剂】

1. 实验器材

紫外分光光度计、移液器。

2. 试剂

兔血清、0.9%NaCl 溶液、标准蛋白质溶液（1 mg/mL）（参见附录二）。

【实验步骤】

1. 制备标准曲线

取试管 8 支，按表 2-5 操作：

表 2-5　标准蛋白质溶液稀释、比色测定的体系配制

加入物（mL）	空白对照管	1	2	3	4	5	6	7
标准蛋白质溶液	—	0.5	1.0	1.5	2.0	2.5	3.0	4.0
0.9%NaCl 溶液	4.0	3.5	3.0	2.5	2.0	1.5	1.0	—
蛋白质溶液浓度（mg/mL）	0	0.125	0.250	0.375	0.500	0.625	0.750	1.00

混匀各管，以空白管调零，在波长 280 nm 比色，记录各管吸光度值。以蛋白质溶液浓度为横坐标，各管的吸光度值为纵坐标作图制备标准曲线。

2. 兔血清蛋白质测定

取待测血清蛋白溶液 1 mL，加入 0.9%NaCl 溶液 3 mL，摇匀，按上述方法在 280 nm 波长处测定吸光度值。

【实验结果】

以测定管读数查找标准曲线求得待测血清蛋白含量。

【注意事项】

1. 由于各种蛋白质含有不同量的酪氨酸和色氨酸，吸光度值往往随蛋白质不同而有所变化，因而本法通常只适用于测定与标准蛋白质氨基酸组成相似的蛋白质样品。

2. 如果蛋白质样品中存在核酸或核苷酸时，也会影响紫外吸收法测定蛋白质含量的准确性，通过下列校正公式计算蛋白质浓度，可适当消除核酸的干扰，但测定结果仍存在一定误差。

（1）Lowry-Kalckar 公式：蛋白质浓度（mg/mL）$=1.45\,A_{280\text{ nm}}-0.74\,A_{260\text{ nm}}$

（2）Warburg-Christian 公式：蛋白质浓度（mg/mL）$=1.55\,A_{280\text{ nm}}-0.76\,A_{260\text{ nm}}$

（冯维杨）

附：分光分析技术

一、分光光度技术的基本原理

（一）光的基本知识

光是由光量子组成的，一束光就是大量光子的聚集。光具有二重性，即连续的波动性和不连续的微粒性。

光属于电磁波。自然界中的电磁波由不同性质的连续波长的光谱所组成。人的眼睛所能感觉到的光的波长是由 400 nm 的紫色光到 760 nm 的红色光，在这段波长以外的光不能为肉眼所见。因此，将 400～760 nm 之间的光波称为可见光。200～400 nm 为紫外线，短于 200 nm 为远紫外线，长于 760 nm 为红外线。分光光度法所使用的光谱范围一般在 200～10 000 nm 之间，但对于生物化学和分子生物学来说，使用最多的波长区域是

可见光和紫外光。

（二）朗伯 - 比尔定律

朗伯 - 比尔（Lambert-Beer）定律是比色分析的基本原理。

Lambert 定律：当一束单色光透过有色溶液之后，由于溶液吸收了一部分光线，所以透过光的强度就要减弱。当溶液浓度不变时，透过的液层越厚，光线强度的减弱越显著（图 2-1）。

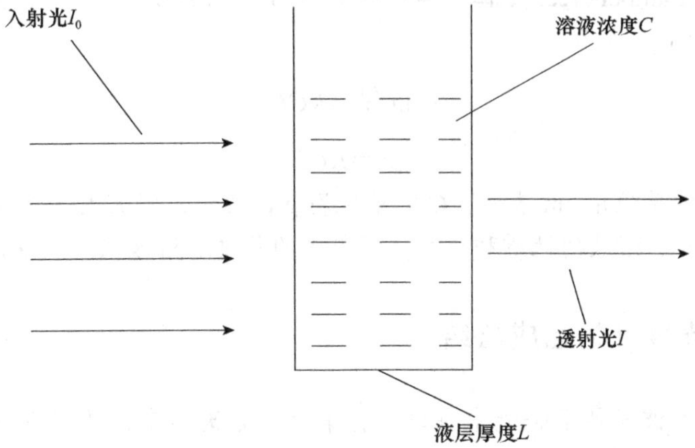

图 2-1 溶液对光的吸收

设光线通过溶液前的强度为 I_0（入射光强度），通过液层厚度为 L 的溶液后，光线的强度减弱为 I（透射光强度），则：I/I_0 表示光线透过溶液的程度，称为透光度（transmittance），用“T”表示。

$$T=\frac{I}{I_0}$$

T 的数值一般小于 1，只有溶液完全不吸收时，T 才等于 1。T 随溶液厚度的增加而减小。但实践证明，T 与溶液厚度之间并不存在简单的定量关系，只有 T 的负对数（$-\lg T$）才随溶液厚度的增加而呈正比例地增加。即：

$$-\lg T=-\lg\frac{I}{I_0}=\lg\frac{I_0}{I}\propto \mathrm{L}$$

写成等式则为：$\lg\frac{I_0}{I}=K_1L$

式中 $\lg\frac{I_0}{I}$ 称为吸光度（absorbance），用字母“A”表示。吸光度（A）也被称为消光度（E）或光密度（OD）。整理上式得式（1）：

$$A=K_1L \tag{1}$$

由（1）式可知，当溶液的浓度 C 不变时，吸光度 A 与溶液的厚度 L 成正比。K_1 为比例系数，表示物质对光的吸收特性，与溶液的性质、浓度、入射光的波长，以及溶液的温度有关。这就是 Lambert 定律。

Beer 定律：当一束单色光透过有色溶液之后，当溶液的厚度不变而浓度不同时，溶液的浓度越大，则透过光的强度越弱。其定量关系推导同上，即：

$$\lg \frac{I_0}{I}=K_2C$$
$$A=K_2C \tag{2}$$

在（2）式中，C 为有色溶液的浓度；K_2 为比例系数，受入射光的波长、溶液的性质、液层厚度及溶液温度的影响。因此，Beer 定律的意义是：当溶液的厚度 L 不变时，吸光度 A 与溶液的浓度 C 成正比。

如果同时考虑吸收层的厚度和溶液浓度对光吸收的影响，则将上述（1）、（2）式合并起来，就得到 Lamber-Beer 定律。即：吸光度 A 与溶液的浓度 C 与液层的厚度 L 的乘积成正比，用（3）式表示。

$$\lg \frac{I_0}{I}=KCL$$
$$A=KCL \tag{3}$$

（3）式中 L 的单位用 cm 表示，C 的单位用 g/L 表示，则 K 称为吸光系数，其大小取决于入射光的波长、溶液的性质和温度，而与光的强度、溶液浓度及液层厚度无关。

二、分光光度计的组成与结构

能从含有各种波长的混合光中将每一种单色光分离出来，并测量其波长及强度的仪器称为分光光度计。通过分析经溶液吸收后的透射光强度而鉴定物质的性质和含量的检测仪器，属于吸收光谱分光光度计。

分光光度计因使用的波长范围不同而分为紫外光区分光光度计、可见光区分光光度计、红外光区分光光度计和全波段（万用）分光光度计。各种分光光度计基本上都由五部分组成：①光源；②单色器（分光系统）；③狭缝；④吸收池（样品室、比色杯）；⑤检测系统（图 2-2）。

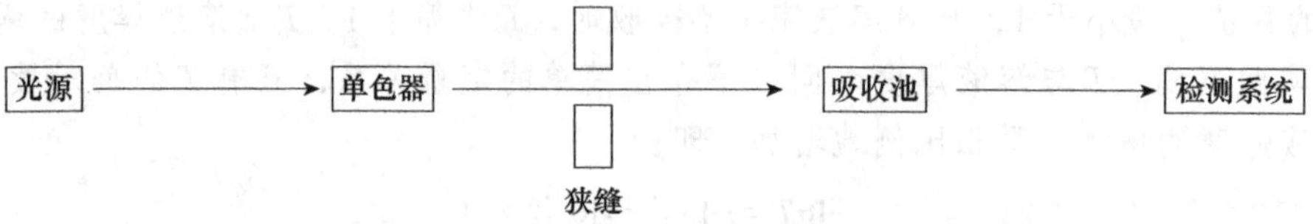

图 2-2　分光光度计的组成与结构示意图

（一）光源

不同光源发出的光的波长范围是不相同的。理想光源的条件是：①能提供连续光谱；②光强度足够大；③在整个光谱区内光谱强度稳定，不随波长有明显变化；④光谱范围宽；⑤使用寿命长，价格低。

用于可见光和近红外光区的光源是钨灯，现在最常用的是卤钨灯，适用波长范围是 320～1100 nm。用于紫外光区的是氢灯或氘灯，适用波长范围是 150～400 nm。红外线光源由纳恩斯特（Nernst）棒产生，此棒由 ZrO_2 ∶ Y_2O_3＝17∶3（Zr：锆，Y：铱），或 Y_2O_3、GeO_2（Ge：锗）、ThO_2（Th：钍）的混合物制成。

（二）单色器

单色器也叫分光系统。它的作用是把来自光源的混合光分解为单一波长的光，即单色光。单色器由棱镜或光栅构成，是分光光度计的心脏部分。

棱镜可使光波发生折射。当光波经过棱镜时，其折射率因光的波长而不同。波长越短的光其折射率越大，波长越长其折射率越小，由此形成光谱。

衍射光栅也是常用的单色器。它通过在石英或玻璃表面刻画出许多平行线，刻线处不透光，这样就组成了由无数平行狭缝所组成的屏。当来自光源的光经狭缝照射到光栅上，由于衍射的结果，光不仅沿着原来的方向传播，而且发生偏折。不同波长的光折射角度不同，从而达到分光的目的，形成需要的光谱。采用光栅作为分光系统，能获得比棱镜分光更纯的单色光。

（三）狭缝

狭缝是由一对隔板在光路中形成的缝隙，其作用是调节入射的单色光的强度和纯度。狭缝愈狭窄所包含的光谱范围愈小，光的纯度愈好，但光的强度却会减弱。使用时只能使狭缝在保证一定光亮的情况下尽可能小，一般可在0～2 nm宽度内调节。有些分光光度计的狭缝宽度可随波长一起被调节。

（四）吸收池

吸收池（样品池、比色杯）用以盛装待测溶液，一般用玻璃或石英制成。当光波透过比色杯时，会发生一定的反射或被玻璃吸收，因此，各个比色杯的制作材质、规格及壁的厚度等应尽可能保持一致，否则将产生测定误差。玻璃比色杯只适用于可见光区，小于330 nm的光不能用玻璃比色杯，所以在紫外区测定时要用石英比色杯。

（五）检测系统

检测系统包括受光器和测量器两个部分。

受光器有光电池和光电管两种，由特殊的金属制成。这些金属能在光的照射下产生电流，光线愈强所产生的电流愈大。因光的照射而产生的电流，称为光电流，此即为光电效应。

光电池最常见的是硒光电池。硒是半导体，受到光照后产生电流，光照愈强，光电流愈大，可直接用微电流计进行测量。当光电池受到长时间连续照射后，会产生疲劳现象，造成测定误差。因此，在使用光电池时要注意随用随关，以免电池疲劳。

光电管有阴极与阳极。阴极由光敏感金属制成，当光波照射到阴极并且积累了一定能量时，金属原子中的电子即发射出来。光愈强，光波的振幅愈大，放出的电子就愈多，被吸收到阳极上就产生电流。由于这种电流很小，因此需要进一步经过放大线路来增强电流，以便于测量。分光光度计中常使用电子倍增光电管，以提高测定的灵敏度。

测量器为一种微电流计，以其特定方式记录光电流强度，并转化为输出结果。现代的仪器常附有自动记录仪，可自动记录并描出测定结果的变化曲线。

三、分光光度技术的应用

（一）用于溶液中物质的定量测定

利用 Lamber-Beer 定律可通过下述两种方法测定并计算出未知溶液的浓度。

1. 标准管法

标准管法也叫标准比较法。其方法是：在比色分析的相同条件下，测定未知浓度（C_1）溶液，即测定管吸光度（A_1）的同时也测定已知浓度（C_2）溶液，即标准管的吸光度（A_2），从 Lamber-Beer 定律的公式可以得出：

$$A_1=\lg\frac{I_0}{I}=KCL=K_1C_1L_1 \tag{1}$$

$$A_2=\lg\frac{I_0}{I}=KCL=K_2C_2L_2 \tag{2}$$

在上述两个式子中，因为所测定的物质成分相同，故 $K_1=K_2$；比色时溶液的厚度也是固定的（使用同一规格的比色杯），故 $L_1=L_2$。所以将（1）式除以（2）式即可得到（3）式：

$$\frac{A_1}{A_2}=\frac{C_1}{C_2} \tag{3}$$

从（3）式可以看出，测得的 A_1 与 A_2 的比值，就等于两溶液浓度的比值。而未知溶液的浓度 C_1 就可以通过公式（4）求出：

$$未知浓度（C_1）=\frac{测定管吸光度（A_1）}{标准管吸光度（A_2）}\times 标准管浓度（C_2） \tag{4}$$

上述公式是比色分析中常用的重要公式，只要再乘以样品的稀释倍数，就可以求得该物质的含量。

2. 标准曲线法

标准曲线法是分析大批样品时常用的方法，但需要事先制作一条标准曲线（即工作曲线）。其方法是：制备一系列浓度（C）由小到大的标准溶液，按与测定样品相同的方法进行处理，然后分别测定出各标准溶液的吸光度（A）。以吸光度（A）为纵坐标，标准溶液的浓度（C）为横坐标，在方格坐标纸上作图，制作标准曲线。在标准溶液的一定浓度范围内，溶液的浓度与其吸光度之间的关系符合 Lamber-Beer，因此可以得到一条通过原点的直线（图 2-3）。有了标准曲线，在同样条件下测定出被测溶液的吸光度，就可以从标准曲线上直接查出待测样品的浓度。一般情况下，标准曲线的范围在测定物浓度的一半到二倍之间，吸光度在 0.05～1.00 的范围内比较合适。

此外，采用标准曲线法进行物质的定量测定还要注意以下问题。

（1）实验中由于比色杯本身和溶剂也会产生一定的光吸收，因此要设置一个空白管，即其中除了待测溶质外，其他成分与样品管完全相同。以空白管对准光路对仪器调零，就可以消除非待测物的影响。

（2）测定时应选择待测物质的最大吸收波长的光作为光源，这样不仅可以避免其他物质的干扰，而且灵敏度大，因为物质在含量上的微小变化就会引起吸光度的较大变异。

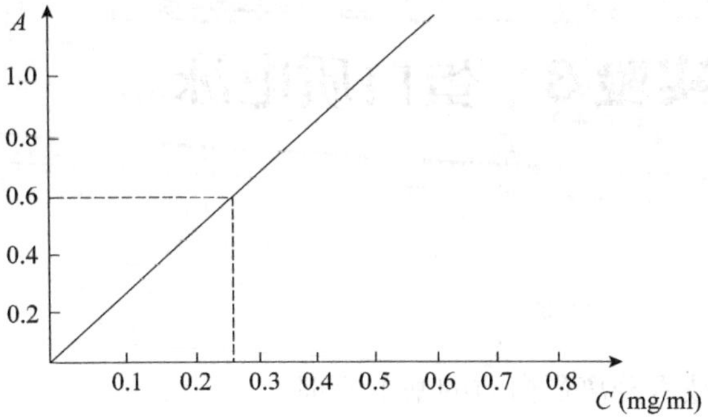

图 2-3 标准曲线

（3）标准曲线的制作与测定管的测定应在同一台仪器上进行。由于曲线的建立与实验室当时的条件，如温度、湿度及电压稳定性等有关，因此，标准曲线常因各种变化而需要校正或重做。

（二）用于溶液中物质的定性测定

利用分光光度计可以绘制物质的吸收光谱曲线。通过绘制的吸收光谱曲线可确定物质的最大吸收波长，并作为定性测定的依据。

物质的结构和性质决定了其特定的吸收曲线，不同物质的吸收曲线不同，而相同物质的吸收曲线相同，由此即可进行物质的定性测定。以待测物质的吸收曲线与已知纯物质的吸收曲线相对照，即可判定它们是否为同一种物质。同种物质在不同浓度时，其吸收光谱曲线中的峰值大小可能不同，但其吸收曲线的形态相似，最大吸收峰值和低谷的波长是一定不变的。如测定某物质的紫外吸收光谱的曲线，可与已知标准的紫外光谱图相对照，对照时须注意测定的条件，如溶剂、浓度等。目前常用的标准紫外吸收光谱是由萨德勒研究实验公司编制的“Sadtler”紫外标准图谱集，至今已收集上万个化合物的紫外光谱图。由于化合物紫外吸收峰较少，而且紫外吸收峰的峰形都很宽，不像红外光谱是许多指纹峰，所以在用紫外吸收光谱进行化合物定性鉴定时，应注意：化合物相同，它们的紫外光谱应该完全相同；但是紫外光谱相同的，不一定化合物就相同，可能仅是存在某些相同的发色团或官能基团，因此在鉴定时应与红外光谱相结合。

（杨 云）

实验3　蛋白质电泳

【实验目的】

1．能够阐述电泳技术分离蛋白质的基本原理。

2．能够说出血红蛋白的组成和分类。

3．能够解释血清脂蛋白测定的临床意义。

一、血红蛋白的醋酸纤维薄膜电泳

【实验原理】

血红蛋白（Hb）是由珠蛋白和血红素组成的结合蛋白，正常人红细胞内的血红蛋白有三种，其肽链组成及在体内所占的百分比为：HbA（$\alpha_2\beta_2$）占95%～98%。HbA_2（$\alpha_2\delta_2$）占2%～3%；HbF（$\alpha_2\gamma_2$）约占1%。胎儿和新生儿的HbF含量较高，占70%～80%，一岁左右始降至成人水平。

本实验以醋酸纤维薄膜为电泳支持物，用pH 8.6的TEB缓冲液进行电泳，分离血红蛋白。在pH 8.6的环境中各种血红蛋白均带负电，向正极泳动。由于各种血红蛋白结构不同，迁移率也不同，一般来说，所带电荷多而分子小者，泳动速度快，反之则慢，故可通过电泳分离血红蛋白。

本实验采用的方法可将正常人的Hb分为两条带HbA和HbA_2，HbF因含量极少，且迁移率与HbA十分相近，故不易单独分出区带。此外，尚可能出现非血红蛋白区带，其位置靠近点样端，为红细胞内的碳酸酐酶。

【实验器材与试剂】

1．实验器材

棉球、穿刺针、离心管、移液器和吸头、点样工具、醋酸纤维素薄膜、吸水滤纸、微型振荡器、离心机、电泳仪、电泳槽。

2．试剂

（1）70%乙醇、碘液。

（2）0.9%NaCl溶液、蒸馏水、四氯化碳（CCl_4）。

（3）电泳缓冲液：TEB缓冲液（pH 8.6）（参见附录二）。

（4）丽春红染色液：称取丽春红S 2 g，三氯乙酸30 g，5-磺基水杨酸30 g溶于蒸馏水中，再加水至100 mL，此为10×丽春红储存液，应用时用蒸馏水稀释10倍。

（5）漂洗液：3%冰醋酸溶液。

【实验步骤】

1．取血

用棉球蘸取70%乙醇和碘液消毒受试者手指尖，采血针穿刺取血0.05 mL左右，放入装有 1 mL 0.9%NaCl 溶液的离心管底部并轻轻摇匀。如出血不畅，可对手指稍加挤压。

2. 制备血红蛋白溶液

混匀后 10 000 r/min 离心 3 min，弃去上清液，重复用 1 mL 0.9%NaCl 溶液洗涤 1 次。吸去上清液后，在红细胞沉淀上面加等体积蒸馏水，振摇。再加等体积 CCl_4，用微型振荡器振摇 1 min，10 000 r/min 离心 5 min。吸取上层澄清的血红蛋白液备用。

3. 电泳

（1）醋酸纤维薄膜的准备　将薄膜切成 2 cm×8 cm 膜条，将膜条浸入 TEB 缓冲液中平衡 20～30 min 至完全无白斑。

（2）点样　取出平衡好的膜条，用滤纸吸去多余的缓冲液，在无光泽面（毛面）距一端约 1.5～2 cm 处用铅笔画一条点样线，用点样玻片蘸取适量血红蛋白溶液，准确点样于膜条的点样线上（毛面），待血红蛋白溶液浸入膜内后移开点样玻片，形成一定宽度、粗细均匀的样品直线。此步是实验关键，点样前应在滤纸上练习，掌握技术后再正式点样。

（3）电泳　在电泳槽内加入电泳缓冲液，使两个电极槽内液面等高。将点好样的膜条平悬、拉直放于电泳槽支架的滤纸桥上（毛面向下），点样端置于负极，点样线不能接触滤纸桥。然后盖严电泳室，平衡 10 min，将电压调至 10 V/cm（膜长），电流 0.4～0.6 mA/cm（膜宽）。电泳至两条 Hb 区带完全分开（40～60 min 左右），结束电泳。

4. 染色

将电泳完毕的膜条取出，浸入丽春红染液中染色 5 min。

5. 漂洗

将染色完毕的膜条取出，转移到漂洗液中漂洗数次至无蛋白区底色脱净为止，可得色带清晰的电泳图谱。

【实验结果】

分析得到的电泳图谱。

【注意事项】

1. 醋酸纤维薄膜的处理：注意避免污染，取膜时使用镊子或戴手套。

2. 点样时，应将膜表面多余的缓冲液用滤纸吸去，保持膜片不湿不干，且点样的量不宜过多或过少，避免样品扩散或点状加样，影响分离效果。

3. 电泳条件的选择：电流强度以 0.4～0.6 mA/cm 膜宽为宜。电流过强易造成膜片干燥；电流过低，则样品泳动速度慢易引起样品扩散，均会影响分离效果。

【思考题】

1. 醋酸纤维薄膜电泳分离血红蛋白的原理。

2. 异常血红蛋白区带的临床意义。

（梁蕾蕾）

二、血清脂蛋白琼脂糖凝胶电泳

【实验原理】

血清脂蛋白电泳法是临床上常用检验方法，在高脂蛋白血症的分型与临床鉴别诊断中有特别的意义。血清中脂类物质（如胆固醇、磷脂和脂肪等）均以不同比例与血清载脂蛋白结合成水溶性的脂蛋白。各种脂蛋白中所含载脂蛋白的种类及数量不同，其颗粒大小相差也很大。在 pH 较大的缓冲液中，脂蛋白均带负电荷，在电场中移向正极。因此以琼脂糖凝胶为支持物，在电场中可使各种脂蛋白颗粒分离开来。方法是将血清脂蛋白用脂类染料（如苏丹黑或油红等）进行预染，使脂蛋白着色。再将预染过的血清置于琼脂糖凝胶板上进行电泳分离。经电泳后可将血清脂蛋白分成三条清晰的区带，可用吸光度计扫描定量，亦可将各脂蛋白区带切下，进行比色定量。

正常人血清脂蛋白可出现三条区带，从正极到负极依次为 α- 脂蛋白、前 β- 脂蛋白和 β- 脂蛋白，原点处应无乳糜微粒。

【实验器材与试剂】

1. 实验器材

电泳仪和电泳槽、普通离心机、水浴箱、移液器、载玻片。

2. 试剂

（1）电极缓冲液：即巴比妥缓冲液（pH 8.6，I=0.075），称取巴比妥钠 15.5 g，量取 1 mol/L HCl 溶液 12 mL，加蒸馏水至 1000 mL。

（2）制胶缓冲液（pH 8.6，I=0.05）：称取巴比妥钠 10.3 g，量取 1 mol/L HCl 溶液 8 mL，加蒸馏水至 1000 mL，使其溶解，作为配制琼脂糖凝胶用。

（3）苏丹黑 B 染色液：苏丹黑 B 0.1 g 中加入石油醚 2 mL，无水乙醇 8 mL，70 ℃水浴中加热 30 min，时时摇动，离心弃沉淀后备用。

【实验步骤】

1. 预染血清

取小试管一支，加入血清 0.2 mL 及苏丹黑 B 染料液 0.02 mL，混匀后置于 37 ℃水浴中预染 30 min，2000 r/min 离心 5 min，除去可能存在的沉淀，取上清液备用。

2. 制备琼脂糖胶板

将 0.45% 的琼脂糖凝胶水浴煮沸溶解后，用吸管吸取凝胶溶液均匀铺于载玻片上，每片约 2.5 mL，趁热将长为 15 mm 的硬纸片（厚度 1 mm）插在与载玻片短边平行相近 2 cm 处的凝胶中，静置约半小时后凝固（天热时需延长，或放入冰箱内数分钟以加速其凝固）。此时小心将纸片取出，凝胶板上出现一小凹槽。

3. 点样

用移液器吸取预染血清约 15 μL，注入上述凹槽内。

4. 电泳

将点样的凝胶板平行放于电泳槽中，点样端置于负极。用浸泡了电极缓冲液的纱布搭桥，使凝胶板两端与电泳槽缓冲液相连。平衡 3～5 min。接通电源，调电压 100～120 V，约 45 min，看到各区带业已分开，最前端区带电泳至玻片 2/3 处时，即可终止电泳。关掉电源，取出凝胶板。

5. 定量

切下各脂蛋白色带，分别置于盛有 3 mL 蒸馏水的试管中。另在载玻片两端空白区切一大小相等的凝胶作空白管。各管置于沸水浴中煮 3 min，使凝胶溶解。冷却后在 600 nm 波长处比色，空白管调零，记录各管的吸光度。也可不切下区带直接用吸光度计扫描定量。

【实验结果】

1．肉眼观察各区带的颜色深浅宽窄及其排列顺序，绘出脂蛋白电泳图谱。

2．计算

吸光度总和（T）：$A_T = A_\alpha + A_{前\beta} + A_\beta$。

各部分蛋白质的百分数：α-脂蛋白（%）$= A_\alpha / A_T \times 100\%$；前β-脂蛋白（%）$= A_{前\beta} / A_T \times 100\%$；β-脂蛋白（%）$= A_\beta / A_T \times 100\%$。

【参考范围】

正常参考值：α-脂蛋白 ＝ 25.7%± 4.1%；前β-脂蛋白 ＝ 21%± 4.4%；β-脂蛋白 ＝ 53.3%± 5.3%。

【临床意义】

血脂高于正常值上限即为高脂血症，可分为原发性和继发性两大类。原发性高脂血症原因不明，可能与遗传有关；继发性高脂血症继发于其他疾病如糖尿病、肾病、甲减等。

【注意事项】

1．血清样品要新鲜。血清样品和染液的比例以 9∶1 为宜，染液过多不仅会稀释标本，而且染液中的乙醇会引起蛋白质变性，影响分离效果。

2．琼脂糖浓度一般选用 0.5% 左右为宜，高于 1% 以上 α-脂蛋白部分较紧密，β 和前 β-脂蛋白部分不够清晰；低于 4.5% 则凝固性较差，图谱不清。

【思考题】

1．电泳时为何要将点样端置于负极？

2．电泳法分离出的各种脂蛋白区带是否为均一的物质？为什么？

（吴 静）

实验 4　生化指标检测

【实验目的】

1．能够阐述 GOD-PAP 法测定血糖的原理和方法。

2．能够说出酶法测定血清总胆固醇的原理及方法。

3．能够解释血糖、胆固醇及酮体检测的临床意义。

一、血糖测定（GOD-PAP 法测定血糖）

【实验原理】

葡萄糖氧化酶（glucose oxidase，GOD）广泛存在于动、植物和微生物体内。该酶利用氧和水将葡萄糖氧化为葡萄糖酸，并释放过氧化氢。过氧化物酶（peroxidase，POD）在还原性氧受体存在时将过氧化氢分解为水和氧，并使还原性氧受体 4- 氨基安替比林和酚去氢缩合为红色醌类化合物，即 Trinder 反应（其中过氧化物酶、4- 氨基安替比林和酚统称为 PAP）。红色醌类化合物的生成量在一定范围内与葡萄糖含量成正比，与同样处理的葡萄糖标准液进行比较，即可求得葡萄糖浓度。此法也称为 GOD-PAP 法。

血糖，是指血液中游离的单糖，主要指葡萄糖。因此可用该法对血糖进行定量测定。GOD-PAP 法是近几年临床血糖定量测定普遍采用的方法，其测定血糖的酶反应为：

$$C_6H_{12}O_6 + O_2 + H_2O \xrightarrow{GOD} C_6H_{12}O_7 + H_2O_2$$

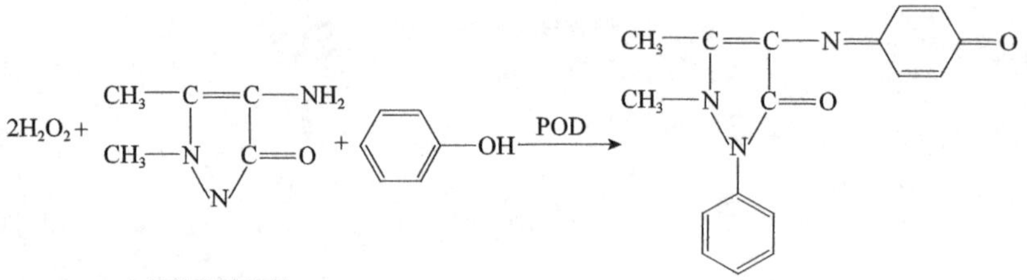

4-氨基安替比林　　　　红色醌亚胺

【实验器材与试剂】

1．实验器材

可见分光光度计、移液器、恒温水箱、1.5 mL 离心管、台式离心机、医用棉签、采血针。

2．试剂

1）葡萄糖测定试剂盒

（1）葡萄糖试剂：葡萄糖氧化酶 36 kU/L，过氧化物酶 1 kU/L，磷酸盐缓冲液（pH 7.0），酚 1 mL/L，4- 氨基安替比林 0.102 g/L。

（2）葡萄糖校准品（5.55 mmol/L）：苯甲酸，葡萄糖 1.099 g/L。

试剂盒内试剂避光储存于 2～8 ℃，保存 12 个月。

2）酒精（75% 乙醇）：量取无水乙醇 75 mL，用灭菌蒸馏水定容至 100 mL。

3）0.9%NaCl 溶液：量取 0.9 g 氯化钠，用蒸馏水定容至 100 mL。

【实验步骤】

1. 血清样品制备

（1）采血：医用棉签蘸取酒精涂抹指尖消毒，一次性采血针刺破指尖后，用 1.5 mL 离心管接取 5 滴血液。

（2）收集血清：离心管静置 5 min，放入离心机，3000 r/min，10 min，取出后可见管内液体分层，微量移液器缓慢吸取上清液（血清）约 50 μL，转移至新离心管。

（3）血清稀释：在血清离心管内，加入 50 μL 0.9%NaCl 溶液，混匀备用。

2. 取三支试管按表 4-1 操作

表 4-1 葡萄糖氧化酶法血糖测定的体系配制

试剂	空白管（B）	标准管（S）	待测管（U）
葡萄糖测定液（mL）	1.5	1.5	1.5
蒸馏水（μL）	15	—	—
葡萄糖校准液（μL）	—	15	—
稀释血清（μL）	—	—	15

混匀，置 37 ℃水浴中，保温 15 min，在波长 505 nm 处比色，以空白管调零，读取标准管及测定管吸光度。

【实验结果】

$$血清葡萄糖（mmol/L）（C_u）=\frac{A_u}{A_s}\times 葡萄糖校准液浓度（C_s）\times 稀释倍数$$

$$=\frac{A_u}{A_s}\times C_s\times 稀释倍数$$

【参考范围】

空腹血清葡萄糖正常值：3.9～6.0 mmol/L。

【注意事项】

1. 葡萄糖氧化酶对 β-D 葡萄糖高度特异，葡萄糖的完全氧化需要 α 型到 β 型的变旋反应。国外某些商品葡萄糖氧化酶试剂盒含有葡萄糖变构酶，可加速这一反应，但在终点法中，延长孵育时间可达到完成自发变旋过程。新配制的葡萄糖标准液主要是 α 型，故须放置 2 h 以上（最好过夜），待变旋平衡后方可应用。

2. 葡萄糖氧化酶法可直接测定脑脊液葡萄糖含量，但不能直接测定尿液葡萄糖含量。因为尿液中尿酸等干扰物质浓度过高，可干扰过氧化物酶反应，造成结果假性偏低。

3. 严重黄疸、溶血及乳糜样血清应先制备无蛋白血滤液，然后再进行测定。

（李小洁）

二、血清总胆固醇测定

（一）硫磷铁法

【实验原理】

用无水乙醇提取血清中胆固醇的同时沉淀蛋白质，向提取液中加入硫磷铁显色剂，胆固醇与浓硫酸及三价铁作用，生成较稳定的紫红色化合物，其颜色深浅在一定范围内与胆固醇含量成正比，与同样处理的胆固醇标准液进行比色，可求得其含量。

【实验器材及试剂】

1. 实验器材

可见分光光度计、台式离心机、移液器及刻度吸量管。

2. 试剂

（1）胆固醇标准贮存液（11.0 mg/mL）：精确称取干燥重结晶胆固醇 100 mg，溶于无水乙醇内（因不易溶解，可稍加温助溶），然后移入 100 mL 容量瓶中，加无水乙醇至刻度，贮于棕色瓶中，密塞瓶口置 4 ℃冰箱中。配制应用液时，应将其预先恢复至室温。

（2）胆固醇标准应用液（0.04 mg/mL）：取上述贮存液 4 mL 于 100 mL 容量瓶中，加蒸馏水 4 mL，加无水乙醇至刻度，贮于棕色瓶内放冰箱保存，使用时应将其恢复至室温。

（3）铁贮存液：称取三氯化铁（$FeCl_3 \cdot 6H_2O$）2.5 g 溶于 87% 浓磷酸内并加至 100 mL，贮于棕色瓶中，此液在室温可长期保存。

（4）硫磷铁显色剂：取铁贮存液 8 mL，加浓硫酸至 100 mL，此液在室温可保存 6～8 周。

（5）浓硫酸、无水乙醇。

【实验步骤】

1. 准确吸取血清 0.2 mL，放入一中号干燥试管中，再对准血清吹入无水乙醇 4.8 mL，使蛋白质分散成很细小的沉淀。振摇 30 s，静置 5 min。3000～3500 r/min，离心 8 min，上清液即为胆固醇抽提液。

2. 取大号干燥试管 3 支，分别标明空白、标准、测定，按表 4-2 操作。

表 4-2 硫磷铁法测定 TCH 的体系配制

试剂	空白（B）	标准（S）	测定（U）
抽提滤液（mL）	—	—	2.0
胆固醇标准应用液（0.04 mg/ mL）（mL）	—	2.0	—
无水乙醇（mL）	3.0	1.0	1.0
硫磷铁显色剂（mL）	3.0	3.0	3.0

硫磷铁试剂须沿管壁缓缓加入，与乙醇液分成两层，立即迅速振摇 20 次。混匀后，置室温下冷却 15 min，然后选用 550 nm 波长，以空白管调零，读取各管吸光度。

【实验结果】

$$血清总胆固醇（mmol/L）=\frac{A_u}{A_s}\times（0.04\times2）\times\frac{1}{387}\times\frac{1}{0.2\times\frac{2}{5}}\times1000$$

【参考范围】

正常成人空腹参考值：2.8～5.9 mmol/L（110～230 mg/dL）。

【临床意义】

1. 总胆固醇增高：常见于甲状腺功能减退、冠状动脉粥样硬化、心脏病及高脂血症、糖尿病、慢性肾炎肾病期、肾病综合征、类脂性肾病、长期高脂饮食、精神紧张等。

2. 总胆固醇降低：见于甲亢、低脂蛋白血症、贫血及败血症、肝脏疾病、严重感染、营养不良、肠道吸收不良、慢性消耗性疾病、家族性无β或低β-脂蛋白血症等。

【注意事项】

1. 在使用硫磷铁试剂时要小心，否则溅出会造成伤害。抽提液与硫磷铁显色剂混合时会产生热量，发热程度与显色深浅有关。

2. 所用试管和比色杯均须干燥，浓硫酸的质量很重要，放置日久，往往由于吸收水分而使颜色反应下降。

（二）酶比色法（CHEH-CHOD-PAP 法）

【实验原理】

血清中的总胆固醇主要分为两类：胆固醇酯（cholesterolester，CHE）和游离胆固醇（free cholesterol，FCH），两者浓度之和，为总胆固醇浓度。

在本法中，胆固醇酯被胆固醇酯水解酶（cholesterolester hydrolase，CHEH）水解成游离胆固醇，后者被胆固醇氧化酶（cholesterol oxidase，CHOD）氧化成Δ^4-胆甾烯酮并产生过氧化氢，再经过氧化物酶（POD）催化4-氨基安替比林与酚（三者合称PAP），生成红色醌亚胺色素（Trinder反应）。醌亚胺在505 nm处有最大吸收波长，吸光度值在一定范围内与标本中总胆固醇（TCH）含量成正比。反应式如下：

$$\text{胆固醇酯}+H_2O \xrightarrow{\text{CHEH}} \text{胆固醇}+\text{游离脂肪酸}$$

$$\text{胆固醇}+O_2 \xrightarrow{\text{CHOD}} \Delta^4\text{-胆甾烯酮}+H_2O_2$$

$$2H_2O_2+\text{4-氨基安替比林}+\text{酚} \xrightarrow{\text{POD}} \text{醌亚胺}+4H_2O$$

【实验器材及试剂】

1. 实验器材

可见分光光度计、移液器、台式离心机、恒温水浴箱、医用棉签、一次性采血针、1.5 mL离心管。

2. 试剂

（1）总胆固醇测定试剂盒

① 总胆固醇测定试剂：PIPES、NaOH、胆酸钠、苯酚、4-氨基安替比林、胆固醇氧化酶、胆固醇酯酶、过氧化物酶。

② 胆固醇校准液（5.17 mmol/L）：胆固醇、曲拉通、乙二醇甲醚。

（2）酒精（75%乙醇溶液）。

（3）0.9%NaCl。

【实验步骤】

1. 血清样品制备

（1）采血　医用棉签蘸取酒精涂抹指尖消毒，一次性采血针刺破指尖后，用 1.5 mL 离心管接取 5 滴血液。

（2）收集血清　离心管静置 5 min，放入离心机，3000 r/min，10 min，取出后可见管内液体分层，微量移液器缓慢吸取上清液（血清）约 50 μL，转移至新离心管。

（3）血清稀释　在血清离心管内，加入 50 μL 0.9%NaCl 溶液，混匀备用。

2. 酶比色法测定血清总胆固醇

取试管 3 支按表 4-3 依次加样。

表 4-3　酶法测定 TCH 的体系配制

试剂	空白管（B）	标准管（S）	测定管（U）
总胆固醇测定试剂（mL）	1.5	1.5	1.5
蒸馏水（μL）	15	—	—
胆固醇校准液（μL）	—	15	—
稀释血清（μL）	—	—	15

混匀后，37 ℃保温 10 min。在波长 505 nm 处比色，以空白管调零，读取标准管及测定管吸光度 A_{505}。

【实验结果】

$$\text{血清 TCH（mmol/L）}(C_u)=\frac{A_u}{A_s}\times\text{胆固醇校准液浓度}(C_s)\times\text{稀释倍数}$$

$$=\frac{A_u}{A_s}\times C_s\times\text{稀释倍数}$$

【参考范围】

正常成人空腹参考值：3.0～5.20 mmol/L；危险阈值：5.20～6.20 mmol/L；高胆固醇血症：≥6.20 mmol/L。

【注意事项】

1. 试剂中含有防腐剂和稳定剂，请勿直接接触皮肤和眼睛。一旦接触，立即用大量清水清洗。

2. 操作时避免阳光直射。

【思考题】

1. 血清胆固醇浓度的升高和降低有何临床意义？

2. 血清总胆固醇的测定方法有哪几种？原理分别是什么？各有什么优缺点？

（李小洁）

三、尿中酮体的检出

【实验原理】

乙酰乙酸、β- 羟丁酸、丙酮合称为酮体。乙酰乙酸或丙酮可以在碱性溶液中与亚硝基铁氰化钠作用，产生紫红色的显色反应，据此可用于酮体的定性检测。朗格环状法中加入冰醋酸少许，可防止尿液中过量的肌酐干扰反应而呈现假阳性。

【实验器材与试剂】

1. 实验器材

移液器、刻度吸量管、白瓷反应板。

2. 试剂

酮体检测粉末试剂、正常尿、酮尿、饱和亚硝基铁氰化钠溶液、280 g/L 氢氧化铵（氨水）、冰醋酸。

【实验步骤】

1. 粉末试剂法

（1）对白瓷反应板中的两个凹孔做出标记。

（2）取酮体检测试剂各 0.5 g，分别置于白瓷反应板中的两个凹孔中。

（3）分别取正常尿、酮尿各 0.2 mL，加于白瓷反应板上两个装有试剂的凹孔中，稍后，观察两个凹孔中的试剂有何颜色反应，记录并解释。

2. 朗格（Lange）环状法

（1）取试管一支，加入酮尿 2 mL、冰醋酸 0.1 mL、饱和亚硝基铁氰化钠溶液 0.1 mL，充分摇匀。

（2）沿试管壁缓慢加入 280 g/L 氢氧化铵（氨水）1 mL，使其与先加入的溶液形成界面，静置 5 min 后观察并记录结果。

【实验结果】

粉剂法中，较快出现紫色为阳性。5 min 内不出现紫色，仅出现淡黄色或棕黄色为阴性。如果 5 min 内紫色褪去，仍属于阴性。

朗格（Lange）环状法中，立即出现紫色环者结果为（＋＋＋）或（＋＋＋＋）；较快出现紫色环者结果为（＋＋）；10 min 内逐渐出现紫色环者结果为（＋）；10 min 内只出现淡紫色环者结果为微量；10 min 内不出现紫色环者结果为阴性。

【临床意义】

1. 糖尿病患者由于利用葡萄糖的功能减弱，脂肪大量被氧化，产生过多的酮体而形成酮尿。一旦有酮尿出现，应考虑到酮症酸中毒，并可能是发生酮中毒性昏迷的前兆。

2. 非糖尿病性酮尿可见于：发热、重度呕吐、腹泻、不能进食的婴儿或儿童及消化吸收障碍的孕妇、呕吐、子痫；长期禁食患者或长期饮食中缺乏糖类或脂肪摄入过多者等。

【注意事项】

使用大剂量的维生素 C、感冒冲剂、庆大霉素等药物后可致尿酮体呈假阳性反应，故应在停用上述药物 48 h 后再做此实验。

【思考题】

酮体如何产生？体内酮体含量增高主要见于何种疾病？

（吴冠儒）

实验5 胰岛素、肾上腺素对家兔血糖浓度的影响

【实验目的】

1. 能够阐述胰岛素、肾上腺素的作用机理。

2. 能够解释胰岛素、肾上腺素对血糖浓度的影响。

【实验原理】

人与动物血糖浓度的恒定，是由于体内多种因素调节的共同结果。激素是调节血糖恒定的重要因素，其中胰岛素具有降低血糖的作用，肾上腺素具有升高血糖的作用。采家兔空腹血后，分别对其注射胰岛素和肾上腺素，当激素在其体内作用一段时间后，再次分别采血，测量血糖浓度，可观察到注射两种激素前后家兔血糖浓度的变化，从而验证激素对血糖浓度的调节作用。

本实验采用GOD-PAP法测定血糖浓度（详见实验4）。

【实验器材与试剂】

1. 实验器材

分光光度计、离心机、吸量管或移液器、恒温水温箱、注射器、台式磅秤、家兔固定箱、抗凝管。

2. 试剂

胰岛素注射液（40 U/mL）、肾上腺素注射液（1∶1000）、二甲苯及凡士林、GOD-PAP血糖浓度测定试剂盒。

【实验步骤】

1. 动物准备

取禁食4 h以上的家兔两只，编号1和2，称其体重并记录。

2. 注射前采血

取抗凝管2支，编号，在家兔耳缘静脉采血：剪去家兔耳缘静脉处的兔毛，用二甲苯擦拭兔耳缘静脉，使其充血；预先在切口周围抹上凡士林以防止溶血；用刀片在耳缘静脉上做一个切口，让血液流入抗凝管中，同时摇动抗凝管，以防止血液凝固，约需1.5 mL。

3. 立即离心以2500 r/min的转速，离心15 min，分离血浆备用。

4. 注射激素和再次采血

（1）注射胰岛素　将已配制好的胰岛素稀释液（按1.5 U/kg计算，稀释到1 mL），按1 mL/kg的剂量，注射到1号家兔臀部皮下。40 min后从其心脏采血1.5 mL，加入编好号的抗凝管中，立即以2500 r/min的转速，离心15 min，分离血浆备用。

（2）注射肾上腺素　将已配制好的1∶1000肾上腺素注射液（按0.37 mL/kg计算，稀释成1 mL），按1 mL/kg的剂量，注射到2号家兔臀部皮下。30 min后，从其心脏采血1.5 mL，

加入编好号的抗凝管中，立即以 2500 r/min 的转速，离心 15 min，分离血浆备用。

5. 血糖浓度的测定

（1）取试管 6 支，编号后按表 5-1 的要求加入试剂。

表 5-1　家兔血糖浓度测定的反应体系配制

试剂	注射胰岛素前	注射胰岛素后	注射肾上腺素前	注射肾上腺素后	标准管	空白管
血浆（mL）	0.03	0.03	0.03	0.03	—	—
葡萄糖标准液（mL）	—	—	—	—	0.03	—
蒸馏水（mL）	—	—	—	—	—	0.03
酶酚混合试剂（mL）	3.00	3.00	3.00	3.00	3.00	3.00

（2）将各管混匀，置于 37 ℃水浴中保温 15 min 后取出，冷却至室温，在波长 505 nm 处比色，以空白管调零，读取标准管及测定管吸光度并计算结果，比较注射激素前、后家兔血糖浓度的变化。

【实验结果】

1．血糖浓度的计算：计算公式见 GOD-PAP 法。

2．计算出注射胰岛素后血糖降低和注射肾上腺素后血糖增高的百分率：

$$\text{血糖改变百分率}=\frac{\Delta \text{BS}}{\text{注射前 BS}}\times 100\%$$

$$\Delta \text{BS}=\text{注射后 BS}-\text{注射前 BS}$$

式中，“BS”表示血糖浓度；“＋”值表示 BS 升高；“−”值表示 BS 降低。

【参考范围】

正常成人参考范围：3.9～6.0 mmol/L；家兔：4.32～8.60 mmol/L。

【注意事项】

每只家兔只能做一种激素实验。如果同一只家兔做了注射胰岛素实验后，必须间隔 2～3 h 后才能再做注射肾上腺素实验。

【思考题】

结合血糖在机体内主要来源和去路，思考胰岛素、肾上腺素调节血糖的机制是什么？

（吴冠儒）

实验 6　酶的特异性及温度、pH、激活剂、抑制剂对酶活性的影响

【实验目的】

1. 能够阐述温度、pH、激活剂、抑制剂对酶活性的影响。

2. 能够根据实验现象分析影响酶活性的因素。

【实验原理】

酶对其所催化的底物具有较严格的选择性。利用淀粉被水解后产生的麦芽糖能与班氏试剂反应生成砖红色沉淀来说明淀粉被淀粉酶水解，而蔗糖不能被淀粉酶水解，其本身不具有还原性，故不与班氏试剂产生颜色反应，可证明酶的特异性。

酶是生物催化剂，温度对酶促反应速率具有双重影响。在过低的温度环境中，酶促反应速度降低，升温可以加快反应速率；最适温度时，酶促反应速率达最大值，若温度继续升高，酶蛋白变性的机会也增大，酶促反应速率反而下降。人体内大多数酶的最适温度在 37 ℃左右。

酶活性与其作用环境的 pH 密切相关。最适 pH 时，酶催化活性最高，溶液的 pH 高于或低于最适 pH 时，酶的活性降低，远离最适 pH 时，酶变性失活。不同的酶其最适 pH 不尽相同，动物体内大多数酶的最适 pH 接近中性。例如唾液淀粉酶的最适 pH 为 6.8。

凡能使催化活性下降而不引起酶蛋白变性的物质统称为酶的抑制剂。使酶由无活性变为有活性或使酶活性增加的物质称为酶的激活剂。对唾液淀粉酶而言，Cl^- 对唾液淀粉酶的活性有激活作用，Cu^{2+}则对其有抑制作用。

本实验以唾液淀粉酶为例来观察温度对酶活性的影响。唾液淀粉酶催化溶液中的淀粉水解，当反应进行到某一特定时间段时，向溶液中加入碘液，利用碘与淀粉及其水解产物的颜色反应，通过对比各试管中溶液颜色的深浅来比较唾液淀粉酶在不同条件下淀粉酶催化淀粉水解速率的快慢，从而判断唾液淀粉酶活性的高低。

【实验器材与试剂】

1. 实验器材

恒温水温箱、微量移液器、水浴锅、电磁炉。

2. 试剂

1% 淀粉溶液、1% 蔗糖溶液、班氏试剂、0.2% 淀粉溶液、0.3%NaCl、0.85%NaCl、1%$CuSO_4$、1%Na_2SO_4、碘液、pH 4.92 和 pH 6.81 及 pH 8.67 的 KH_2PO_4- Na_2HPO_4 缓冲液。

【实验步骤】

1. 稀释唾液的制备

在 Φ50 mm 漏斗上放一小块脱脂棉，漏斗下放一个 10 mL 量杯。作咀嚼动作刺激唾

液分泌，将唾液经棉花粗略过滤后取 1 mL，加蒸馏水 9 mL，混匀备用。

2. 酶的特异性

（1）煮沸唾液的制备：取试管 1 支，加入稀释唾液 1 mL 后放入沸水浴中 5 min，使唾液淀粉酶变性失活。

（2）另取试管 3 支，编号后按表 6-1 加入试剂：

表 6-1　酶的特异性反应体系配制

试剂	1	2	3
pH 6.81 缓冲液（mL）	1.0	1.0	1.0
1% 淀粉溶液（mL）	0.5	0.5	—
1% 蔗糖溶液（mL）	—	—	0.5
稀释唾液（mL）	0.5	—	0.5
煮沸唾液（mL）	—	0.5	—

（3）将各管混匀后，先放入 37 ℃水浴中保温 10 min，然后向每支试管中各加入班氏试剂 1 mL，再将各管放入沸水浴中煮沸，观察结果并解释。

3. 温度对酶活性的影响

（1）取试管 3 支，编号后各加入稀释唾液 0.5 mL，分别放在沸水浴、温水浴、冰水浴中。

（2）另取试管 3 支，编号后按实验表 6-2 依次加入各种试剂。

表 6-2　温度对酶活性影响反应体系配制

试剂	1	2	3
0.2% 淀粉液（mL）	0.5	0.5	0.5
pH 6.81 缓冲液（mL）	0.2	0.2	0.2
0.3%NaCl（mL）	0.2	0.2	0.2

（3）混匀后，将 1 号、2 号、3 号试管分别置于沸水浴、温水浴（37 ℃）和冰浴中，5 min 后向各管加入第一步放置在对应水浴中的稀唾液 0.2 mL，继续将试管在各自水浴中放置 10 min。

（4）分别从每管中取 0.1 mL 试液放在白瓷板凹孔中，加碘液 0.1 mL，观察颜色并记录之。

（5）再将 1、3 两管置 37 ℃水浴中 10 min 后，向各管中加碘液 0.1 mL，观察颜色变化并解释。

4. pH、激活剂、抑制剂对酶活性的影响

（1）取试管 8 支，编号，按表 6-3 加入试剂：

表 6-3　pH、激活剂、抑制剂对酶活性影响的反应体系配制

试剂	1	2	3	4	5	6	7	8
0.2% 淀粉液（mL）	1.0	1.0	1.0	1.0	1.0	1.0	1.0	1.0

续表

试剂	1	2	3	4	5	6	7	8
pH 4.92 缓冲液（mL）	—	0.8	—	—	—	—	—	—
pH 6.81 缓冲液（mL）	0.8	—	0.8	—	—	—	—	—
pH 8.67 缓冲液（mL）	—	—	—	0.8	—	—	—	—
0.85%NaCl（mL）	—	—	—	—	0.8	—	—	—
1%$CuSO_4$（mL）	—	—	—	—	—	0.8	—	—
1%Na_2SO_4（mL）	—	—	—	—	—	—	0.8	—
蒸馏水（mL）	0.2	—	—	—	—	—	—	0.8
稀唾液（mL）	—	0.2	0.2	0.2	0.2	0.2	0.2	0.2

（2）混匀后，同时置于 37 ℃水浴中保温，约 5 s 后由第 3 管取出 0.1 mL 放到白瓷反应板凹孔中，加碘液 0.1 mL，混匀，观察其颜色。以后每隔 10 s 再重取 0.1 mL 与碘反应，当与碘液呈浅棕色时，立即向每支试管内加碘液 0.1 mL，摇匀，观察颜色、解释结果。

【注意事项】

在“pH、激活剂、抑制剂对酶活性的影响”的操作时，要准确掌握加碘液的时间，否则无法观察到正确结果。

【思考题】

“pH、激活剂、抑制剂对酶活性的影响”中，设立第 7、8 管的意义何在？

（吴冠儒）

实验7 兔肝碱性磷酸酶的分离纯化及比活性测定

【实验目的】

1. 能够阐述有机溶剂沉淀、离心分离及鉴定特定蛋白质的原理。

2. 能够说出蛋白质沉淀、离心分离的常用方法。

【实验原理】

碱性磷酸酶（alkaline phosphatase，AKP 或 ALP）是一种底物特异性较低，在碱性环境中能水解多种磷酸单酯化合物的酶，需要镁和锰离子为激活剂。ALP 具有磷酸基团转移活性，能将底物中的磷酸基团转移到另一个含有羟基的接受体上，如磷酸基团的接受体是水，则其作用就是水解。碱性磷酸酶最适 pH 范围为 8.6～10，其基因在小肠黏膜、肾、骨骼、肝和胎盘等组织均有表达。常用中性盐盐析法、电泳法、色谱法、有机溶剂沉淀法等方法分离纯化。一般需多种方法配合使用，才能得到相对纯净的酶蛋白。

本实验应用有机溶剂分步沉淀法，从兔肝中提取碱性磷酸酶。用 30% 乙醇、33% 丙酮提取时，AKP 溶于 30% 乙醇、33% 丙酮，离心后弃沉淀以除去杂质和杂质蛋白，再将 AKP 用 60% 乙醇、50% 丙酮提取时，AKP 不溶于 60% 乙醇、50% 丙酮，离心后弃上清除去杂质和杂质蛋白，获得纯度相对较高的碱性磷酸酶。

磷酸苯二钠法测定各纯化阶段所得 AKP 活性单位，以磷酸苯二钠为底物，被碱性磷酸酶水解后，产生游离酚和磷酸盐，酚在碱性溶液中与 4- 氨基安替比林作用，经铁氰化钾氧化产生红色的醌类衍生物。经分光光度计比色后就可测出酶的活性。再经 Brad Ford 法测定纯化各阶段样品中的蛋白质含量，即可计算出 AKP 的比活性。

酶的比活性是指每单位重量（mg）酶蛋白样品中所含的酶活性单位，比活性可以用来鉴定酶的纯化程度。

【实验器材与试剂】

1. 实验器材

匀浆器、恒温水浴锅、可见光分光光度计、离心机、移液器（5 mL）、试管（10 mL）、玻棒、漏斗、滤纸。

2. 试剂

（1）0.5 mol/L 乙酸镁溶液　称取乙酸镁（M_r=214.45）107.25 g 溶于蒸馏水，稀释至 1000 mL。

（2）0.1 mol/L 乙酸钠溶液　称取乙酸钠（M_r =82.03）8.2 g 溶于蒸馏水中，稀释至 1000 mL。

（3）0.01 mol/L 乙酸镁 - 乙酸钠混合液　取 0.5 mol/L 乙酸镁 20 mL，0.1 mol/L 乙酸钠 100 mL，混匀后加蒸馏水稀释成 1000 mL。

（4）pH8.8 Tris- 乙酸镁缓冲液　称取三羟甲基氨基甲烷（Tris）12.1 g，用蒸馏水溶解，并稀释至 1000 mL 即成 0.1 mol/L Tris 溶液。取 0.1 mol/L Tris 溶液 100 mL，加蒸馏水约 800 mL，再加 0.1 mol/L 乙酸镁 100 mL，混匀后用 1% 乙酸调节 pH 至 8.8，再用蒸馏水稀释至 1000 mL 即可。

（5）复合底物液　称取磷酸苯二钠二水 6 g，4- 氨基安替比林 3 g，分别溶于煮沸并冷却后的蒸馏水中，两液混合并稀释至 1000 mL，加入 4 mL 氯仿防腐。贮存于棕色瓶内，置冰箱中保存，可用一周。临用时将此液用 0.1 mol/L pH 10 碳酸盐缓冲液等量混合即可。

（6）0.1 mol/L pH 10 碳酸盐缓冲液　称取 Na_2CO_3 6.36 g 及 $NaHCO_3$ 3.36 g 溶于蒸馏水中并稀释至 1000 mL。

（7）5 g/L 铁氰化钾液　称取铁氰化钾 5 g，硼酸 15 g，分别溶于 400 mL 蒸馏水中，溶解后将两液混合并稀释至 1000 mL。

（8）酚标准液　称取重结晶酚（或 AR 酚）1.5 g 溶于 0.1 mol/L HCl 中，定容至 1000 mL 即成贮备液。取上述酚液 25 mL 于 250 mL 碘量瓶中，加 50 mL 0.1 mol/L NaOH 并加热至 65 ℃，再加入 0.1 mol/L 碘液 25 mL，盖好碘量瓶塞，放置 30 min 后，加浓盐酸 5 mL，再加 0.1% 淀粉液（新配制）作指示剂，用 0.1 mol/L 标准硫代硫酸钠滴定，滴定反应如下：

$$3I_2 + C_6H_5OH \longrightarrow C_6H_2I_3(OH) + 3HI$$

$$I_2 + 2Na_2S_2O_3 \longrightarrow 2NaI + Na_2S_4O_6$$

根据上述反应，3 分子碘（$M_r=254$）与 1 分子酚（$M_r=94$）起作用，因此每毫升 0.1 mol/L 碘溶液（含碘 12.7 mg）所相当的酚毫克数为：$\frac{12.7\times94}{3\times254}=1.567$。假设 0.1 mol/L 碘液 25 mL 与 25 mL 酚液作用后剩余的碘用 $Na_2S_2O_3$ 滴定为 X mL，则 25 mL 酚溶液中所含酚量为（$25-X$）×1.567 mg，由此推算酚贮备液浓度。最后将贮备液稀释成 0.1 mg/ mL 应用液。

（9）蛋白标准 1 mg/mL　称取牛血清白蛋白 100 mg 溶于 9 g/L NaCl 溶液，至 100 mL。

（10）显色液　称取考马斯亮蓝 G-250 100 mg 溶于 50 mL 95% 乙醇，加入 100 mL 850 g/L 磷酸（质量浓度），用蒸馏水稀释至 1000 mL。

（11）其他　丙酮（AR）、95% 乙醇（AR）、正丁醇（AR）。

【实验步骤】

1. 分离纯化

（1）匀浆　称取新鲜兔肝 2 g，剪碎后，置于玻璃匀浆器中加入 0.01 mol/L 乙酸镁及乙酸钠混合液 6 mL，匀浆器置冰上匀浆直至无明显组织块，匀浆液收集于刻度离心管，记录体积。取 0.1 mL 于另一洁净试管中，加 4.9 mL pH 8.8 Tris- 乙酸镁缓冲液稀释，标记为Ⅰ号液置冰上测比活性用。

（2）提取　加 2 mL 正丁醇于匀浆液中，用玻棒充分搅拌 2 min，室温放置 30 min，纱布过滤，滤液置于刻度离心管中。

（3）丙酮沉淀　滤液中加入等体积的置冰上预冷的丙酮，混匀后 3000 r/min 离心 5 min。弃上清液，在沉淀中加入 0.5 mol/L 乙酸镁 4 mL，用玻棒充分搅拌使其溶解，记录悬液体积。取 0.1 mL 于另一试管中，加入 pH 8.8 Tris- 乙酸镁缓冲液 4.9 mL 混匀，标记为Ⅱ号液置冰上测比活性用。

（4）分步分离　于混悬的悬液中加入冰上预冷 95% 乙醇，使乙醇最终浓度为 30%，混匀后立即 2000 r/min 离心 5 min，将上清液倒入另一离心管，弃沉淀。上清液中加入冰上预冷 95% 乙醇，使乙醇最终浓度达 60%，混匀后 3000 r/min 离心 5 min，上清液倒弃，沉淀中加入 0.01 mol/L 乙酸镁 - 乙酸钠混合液 4 mL，充分搅拌，使其完全混悬。

（5）重复上述操作，在悬液中加入冰上预冷 95% 乙醇，使乙醇最终浓度为 30%，混匀后 2000 r/min 离心 5 min，将上清液倒入一离心管中，弃沉淀。上清液中加入冰上预冷 95% 乙醇，使乙醇最终浓度达 60%，混匀后 3000 r/min 离心 5 min，上清液倒弃，沉淀中加入 0.5 mol/L 乙酸镁 3 mL 充分混悬，并记录体积，取 0.1 mL 加 pH 8.8 Tris- 乙酸镁缓冲液 0.9 mL 混匀，标记为Ⅲ号液置冰上测比活性用。

（6）其余悬液中加入冰上预冷丙酮，使丙酮终浓度为 33%，混匀后 2000 r/min 离心 5 min，弃沉淀，上清液中加冰上预冷丙酮，使丙酮终浓度为 50%，混匀后 3000 r/min 离心 15 min，弃上清液，沉淀中加入 pH8.8 Tris- 乙酸镁缓冲液 5 mL，混匀后 3000 r/min 离心 5 min，上清液即为纯化碱性磷酸酶酶液，标记为Ⅳ号液用于碱性磷酸酶比活性测定。

2. 碱性磷酸酶的活性测定（磷酸苯二钠法）

（1）取试管 6 支编号，按表 7-1 操作：

表 7-1　碱性磷酸酶活性测定的体系配制

管号	空白	标准	Ⅰ号液	Ⅱ号液	Ⅲ号液	Ⅳ号液
各阶段稀释酶液（mL）	—	—	0.1	0.1	0.1	0.1
酚标准液（0.1 mg/mL）（mL）	—	0.1	—	—	—	—
pH8.8 Tris- 乙酸镁缓冲液（mL）	0.1	—	—	—	—	—
预热至 37 ℃，复合底物液（mL）	3.0	3.0	3.0	3.0	3.0	3.0

（2）加入复合底物液后，立即混匀，在 37 ℃水浴中准确保温 15 min。待保温结束后，各管加入 0.5% 铁氰化钾液 2.0 mL，立即混匀以终止酶促反应，静置 15 min 显色后，在 510 nm 波长下比色。

（3）酶活性单位计算：在 37 ℃下保温 15 min，产生 1 mg 酚，为该酶 1 个活性单位。故每毫升酶液中的酶活性单位为：

$$\frac{A_{样}}{A_{标}} \times 标准管酚含量 \times \frac{1}{0.1} \times 稀释倍数$$

3. 碱性磷酸酶蛋白含量测定

（1）取试管 6 支编号，按表 7-2 操作：

表 7-2　碱性磷酸酶蛋白含量测定的体系配制

管号	空白	标准	Ⅰ号液	Ⅱ号液	Ⅲ号液	Ⅳ号液
各阶段稀释酶液 / mL	—	—	0.1	0.1	0.1	0.1
pH8.8 Tris- 乙酸镁缓冲液 / mL	—	0.1	—	—	—	—
蛋白质标准液 / mL	0.1	—	—	—	—	—
考马斯亮蓝显色液 / mL	3.0	3.0	3.0	3.0	3.0	3.0

各管充分混匀，2 min 以后在波长 595 nm 处比色。

（2）蛋白质含量计算

$$\frac{A_{样}}{A_{标}} \times 标准蛋白质浓度 \times \frac{1}{0.1} \times 稀释倍数$$

4. 比活性计算

$$碱性磷酸酶比活性 = \frac{每毫升样品的酶活性单位}{每毫升样品的蛋白毫克数}$$

【实验结果】

将实验结果填入下表，并计算出各阶段 AKP 的纯化倍数及得率。

纯化阶段	蛋白质（mg/mL）	酶活性（U/mL）	比活性（U/mg）	纯化倍数	得率
Ⅰ					
Ⅱ					
Ⅲ					
Ⅳ					

【注意事项】

1．有机溶剂必须置冰上或 −20 ℃预冻。

2．提取过程中有机溶剂终浓度应计算正确，确保加量准确。

3．注意分清实验过程中每次离心后舍弃的是沉淀，还是上清液。

4．由碱性磷酸酶分离纯化过程可见，Ⅰ号液、Ⅱ号液均稀释 50 倍，Ⅲ号液稀释 10 倍，Ⅳ号液未稀释，如Ⅳ号液颜色过深（或 OD 值大于 0.6）则需适当稀释后再测定。

5．各管比色操作应在显色后 1 h 内完成。

【思考题】

生物化学家发现了一种酶，并从组织中进行了分离纯化，纯化的步骤及结果如表 7-3，请根据下表提供的信息回答下列问题。

表 7-3 酶蛋白纯化流程及对应数据

纯化步骤	总蛋白（mg）	酶活性单位
1．组织匀浆液	20 000	4 000 000
2．盐析沉淀	5 000	3 000 000
3．等电点沉淀	4 000	1 000 000
4．离子交换层析	200	800 000
5．亲和层析	50	750 000
6．凝胶分子筛过滤层析	45	675 000

（1）请根据上表所提供数据计算出每步骤所得酶制品的比活性。

（2）请判断在此酶的纯化过程中哪一个步骤的纯化效率最高，哪一个步骤的纯化效率最低，你的判断依据是什么？

（3）如果再次从组织样品中从头开始纯化此酶，上述纯化过程中效率最低的环节是否可以省略？请给出你的判断理由。

（4）此酶经第6步纯化之后，上述数据中可有提示此酶已是纯品？如果不是此酶的纯品，还需要哪些数据或实验进一步确定此酶纯化制品的纯度？

（狄 勇）

实验 8　质粒 DNA 的提取、酶切与鉴定

【实验目的】

1．能够阐述质粒 DNA 提取的原理。

2．能够解释限制性内切酶酶切及琼脂糖凝胶电泳分析的基本原理。

3．能够完成限制性内切酶酶切反应及琼脂糖凝胶电泳分析的操作技术。

【实验原理】

1．质粒 DNA 的提取

质粒（plasmid）是细菌细胞内独立于染色体外的一种具有自我复制能力的环状闭合双链 DNA 分子，有些质粒带有抗药性基因。质粒是重租 DNA 技术中最常用的一类载体，质粒载体是在天然质粒的基础上为适应实验室操作而人工构建的。

质粒 DNA 提取的常用方法是碱裂解法，其操作包括 3 个基本步骤：收集和裂解细菌、分离和纯化质粒 DNA。培养细菌使质粒扩增，离心收集细菌细胞；通过溶菌酶、十二烷基硫酸钠（sodium dodecyl sulfate，SDS）及 NaOH 的作用可裂解细菌细胞；加入乙酸和乙酸钾，一方面中和 NaOH，另外乙酸钾中的钾离子置换了 SDS 中的钠离子形成不溶性的十二烷基硫酸钾（potassium dodecyl sulfate，PDS），蛋白质及基因组 DNA 随着 PDS 沉淀出来，而质粒 DNA 则留在上清液中。再经无水乙醇沉淀、洗涤处理，可得到质粒 DNA。

2．限制性内切酶酶切反应

限制性内切酶能识别 DNA 分子上的特定序列，并在识别位点或其周围对双链 DNA 进行切割。根据限制酶作用特点的不同，可将限制酶分为三种类型，其中Ⅱ型限制酶在分子克隆中得到了广泛应用，是重组 DNA 技术中最重要的工具酶。绝大多数Ⅱ型限制酶识别序列为 4～8 个 bp 的回文序列（palindrome sequence）。Ⅱ型限制酶切割后可产生平端（如 *Sma* Ⅰ：5′-CCC↓GGG-3′）或黏性末端，如 *Eco*R Ⅰ：5′-G↓AATTC-3′，切割后产生两个互补的黏性末端。

本实验中用于鉴定 pMD19-*G6PD* 重组子的两种限制酶分别是 *Xho* Ⅰ和 *Nde* Ⅰ，其识别序列分别是：*Xho* Ⅰ：C↓TCGAG；*Nde* Ⅰ：CA↓TATG。其完全切割 pMD19-*G6PD* 后产生 2692 bp 和 1562 bp 两条片段。

3．质粒 DNA 的琼脂糖电泳鉴定

琼脂糖电泳进行鉴定质粒 DNA 时，多数情况下能看到三条带，分别是超螺旋、线性和开环。碱法抽提得到质粒样品中不含线性 DNA，但也能看到三条带，这三条带以电泳速度的快慢而排序，分别是超螺旋、开环和复制中间体（即没有复制完全的两个质粒连在了一起）。

【实验器材与试剂】

1. 实验器材

恒温培养箱、恒温摇床、台式离心机、移液器、水平式电泳装置、恒温浴槽、微波炉或电炉、紫外透射仪。

2. 试剂

（1）质粒提取试剂：溶液Ⅰ、溶液Ⅱ、溶液Ⅲ；苯酚 / 氯仿；pH 8.0 TE 缓冲液（见附录二）。

（2）琼脂糖（agarose）、DNA 分子质量标准、1×TAE 电泳缓冲液、Sybr Green（或溴化乙锭，EB）、10× 电泳缓上样冲液（参见附录二）。

（3）限制酶（*Xho* Ⅰ和 *Nde* Ⅰ）。

【实验步骤】

1. 提取质粒

（1）接种单菌落（single colony）于 5 mL 含相应抗生素的 LB 培养基中，37 ℃振荡培养至饱和状态（$A_{600\,nm}=0.4$）或过夜。

（2）取 1.5 mL 离心管 2 支，分别加入 1.4 mL 含空载体及 pMD19-*G6PD* 重组子的菌液，各管按如下方法操作：

① 10 000 r/min 离心 1 min 去掉上清液。加入 150 μL 的溶液Ⅰ，充分混悬细菌，在室温下放置 10 min。

② 加入 200 μL 新配制的溶液Ⅱ。加盖，颠倒 5 次使之混匀。冰上放置 5 min。

③ 加 150 μL 预冷的溶液Ⅲ，加盖后颠倒 5 次混匀，冰上放置 15 min。10 000 r/min 离心 5 min，上清液移入另一离心管中。

④ 向上清液中加入等体积苯酚 / 氯仿，震荡混匀，10 000 r/min 离心 2 min，将上清液转移至新的离心管中。

⑤ 向上清液中加入等体积无水乙醇，混匀，室温放置 2 min。10 000 r/min 离心 5 min，倒去上清乙醇溶液，将离心管倒扣在吸水纸上，吸干液体。

⑥ 加入 1 mL 70% 乙醇，悬浮沉淀，10 000 r/min 离心 2 min，倒去上清液，晾干，加入 20 μL 的 TE 缓冲液，使 DNA 完全溶解，待用。

2. 质粒 DNA 的限制酶切

取洁净消毒 1.5 mL 离心管 2 支（空载体及重组体进行酶切），各管分别加入下列物质：自提质粒样品：1 μg；10× 酶切缓冲液：2 μL；限制性内切酶：*Xho* Ⅰ和 *Nde* Ⅰ各 1 μL；加双蒸水至总体积 20 μL。

小心混匀，置于 37 ℃水浴中，过夜。反应终止后，各酶切样品于冰箱中贮存备用。

3. DNA 琼脂糖凝胶电泳

（1）琼脂糖凝胶的制备　称取 0.8 g 琼脂糖，置于三角瓶中，加入 100 mL TAE 缓冲液，置微波炉加热全部融化后，取出摇匀，加入 Sybr Green 8 μL。此为 0.8% 的琼脂糖凝胶。

（2）琼脂糖凝胶板的制备　将胶模水平放置，插入上样梳。待琼脂糖凝胶液将冷却至 65 ℃左右时，小心倒入胶模中，使胶液缓慢展开，直到在整个玻璃板表面形成均匀的胶层，室温下静置 20 min，待凝固完全后，轻轻拔出上样梳，在胶板上即形成相互隔开的样品槽。

（3）样品准备　取4支1.5 mL离心管，分别加入酶切的质粒（空载体）DNA 9 μL、未酶切的质粒（空载体）DNA 9 μL、酶切的质粒（重组体）DNA 9 μL、未酶切的质粒（重组体）DNA 9 μL，再向各管中加入10× 上样缓冲液1 μL，混匀。

（4）加样　用移液器将上述样品和DNA分子质量标准分别加入凝胶样品槽内。

（5）电泳　加完样品后的凝胶板，立即通电。样品进胶前，应使电流控制在20 mA，样品进胶后电压控制在60～80 V，电流为40～50 mA。当指示剂色带移动至距离胶板1～2 cm处，停止电泳。

（6）结果观察　将电泳后的胶板在紫外检测仪下观察琼脂糖凝胶中的DNA条带。

【实验结果】

在波长为254 nm的紫外灯下，观察DNA条带，分析空载体与重组体及未酶切的质粒DNA与酶切的质粒DNA条带有何区别。

【注意事项】

1. 严格控制碱变性的时间，不能超过5 min。因为，如果质粒处于强碱性环境中时间过长，可发生不可逆变性。

2. 加入溶液Ⅱ后不能剧烈振荡，应轻轻颠倒混匀。在加入溶液Ⅲ后，要充分混匀并置冰上，如未见大量白色沉淀，说明实验失败，应立即重做。

3. 选择合适的限制性核酸内切酶，酶切底物分子必须存在所选酶的酶切位点。

4. DNA的纯度、缓冲液的成分、反应温度等条件都会影响限制性内切酶的活性。

5. EB是致癌物质，避免皮肤直接接触。

【思考题】

1. 碱裂解法提取质粒DNA时，SDS的作用是什么？

2. Ⅱ型限制性内切酶的作用特点是什么？

（杨银峰　彭　莉）

实验9　真核细胞基因组DNA的提取、定量和纯度测定

【实验目的】

1．能够阐述从真核细胞中提取基因组DNA的原理和方法。

2．能够完成DNA定量测定和纯度测定的操作。

【实验原理】

在基因分析和基因组文库的构建中，需要获得相当纯度和完整性的基因组DNA，基因组DNA样品质量好坏将决定实验的成败。理想的DNA样品应具备以下几点要求：①最大限度地降低蛋白质、RNA、多糖和脂类物质的污染和干扰；②去除对酶有抑制作用的有机溶剂和高浓度盐离子成分。通过本法获得的基因组DNA片段可用于DNA酶切图谱、PCR、构建基因组文库。

基因组DNA在同一个体的不同组织中的含量差别不大。鼠肝、鼠尾、人血液是提取哺乳动物基因组DNA较合适的实验材料。SDS-酚试剂法是提取哺乳动物基因组DNA的经典方法，其原理是：经过剪切、匀浆或消化处理成单个细胞的真核组织，在SDS、蛋白酶K作用下，消化破裂细胞膜和核膜，有机试剂饱和酚使游离出来的蛋白质变性，从而与溶于水溶液的DNA分离；同时RNA酶降解污染的RNA；利用酚-氯仿试剂抽提使蛋白质与DNA分离，在高盐存在下乙醇沉淀收集DNA。

【实验器材与试剂】

1．实验器材

移液器、振荡器、高速台式离心机、恒温振荡器、紫外分光光度计。

2．材料

小鼠肝脏或小鼠尾巴。

3．试剂

（1）消化缓冲液、TE缓冲液（pH 8.0）、苯酚/氯仿（见附录二）。

（2）蛋白酶K（10 mg/mL）、7.5 mol/L乙酸铵、无水乙醇、75%乙醇。

【实验步骤】

（一）材料处理及DNA提取

1．小鼠断颈去血后，剖腹取肝，称取约100～200 mg小鼠肝脏或小鼠尾巴，加入2 mL消化缓冲液，用剪刀剪碎（1～1.5 mm^3大小）后，移入一只7 mL离心管中。

2．加入20 μL蛋白酶K，盖紧管盖，颠倒3～5遍混匀，置50 ℃温浴，80 r/min振摇过夜。

3．第二天，加入2 mL苯酚：氯仿，盖紧管口，振荡器上剧烈振荡30 s（戴手套操作，以防苯酚溢出烧伤皮肤），12 000 r/min离心10 min。

4. 取上层水相 1 mL 移入一只新的 7 mL 管中，加入 1/2 体积（0.5 mL）的 7.5 mol/L 乙酸铵，混匀；再加入 2 倍体积（3 mL）的无水乙醇，颠倒混匀，12 000 r/min 离心 10 min。

5. 去上清，再用 70% 的乙醇清洗沉淀，再离心 1 min。

6. 去上清，室温下挥发残留乙醇，待沉淀干燥后，加入 100 μL TE 缓冲液（含 RNaseA）溶解沉淀。−20 ℃保存备用，或 −70 ℃长期保存。

（二）定量测定和纯度测定

1. 紫外分光光度法测定 DNA 含量和纯度

DNA 在波长 260 nm 处有最大吸收峰，蛋白质在 280 nm 处有最大吸收峰，故可用波长 260 nm 测定 DNA 浓度，即吸收值 A_{260} 为 1 时，相当于 50 μg/mL 双链 DNA。纯品 DNA 的 $A_{260\,nm}/A_{280\,nm}$ 为 1.8～2.0，依据样品的 $A_{260\,nm}/A_{280\,nm}$ 可以估计 DNA 的纯度。$A_{260\,nm}/A_{280\,nm}$ 小于 1.8，说明有残余蛋白质存在；$A_{260\,nm}/A_{280\,nm}$ 大于 2.0，则说明 RNA 污染或有 DNA 降解。

方法：取两只石英比色杯，一只加入 1000 μL TE 缓冲液（空白管），另一只（样品管）加入 990 μL TE 缓冲液，再加入 10 μL DNA 样品。混匀后，以空白管调零点，测定样品管在 260 nm 和 280 nm 的光吸收值，计算出二者的比值与 DNA 样品浓度。

2. 电泳法检测样品基因组 DNA 的完整性

取 100 ng 基因组 DNA 于 0.8% 琼脂糖凝胶上进行电泳，如样品 DNA 完整性较好，则可在凝胶上样孔附近发现一条分子质量较高的条带。如条带有明显的拖尾现象，呈瀑布状，则说明样品基因组 DNA 降解。

【实验结果】

1. DNA 含量的计算

$A_{260\,nm}=$　　　　$A_{280\,nm}=$　　　　$A_{260\,nm}/A_{280\,nm}=$

$[DNA]=A_{260\,nm}\times 50/10=$　　　μg/μL

2. 基因组 DNA 电泳检测

电泳操作见实验 8。

【注意事项】

1. 离心管、枪头需高压灭菌处理，以灭活残留 DNase 活性。

2. 试剂均需用灭菌蒸馏水配制。

3. 注意机械剪切力、高温等物理因素对 DNA 的降解，分离基因组 DNA 时，应保证在温和的条件下进行，尽量减少抽提次数，混匀要轻柔，以保证能获得较长片段的基因组 DNA。

4. 减少化学因素对核酸的降解。如避免使用过酸或过碱的试剂，操作一般在 pH 4～10 的条件下进行。

【思考题】

1. 基因组 DNA 提取过程中应注意哪些问题？如何检测样品 DNA 的质量？

2. 在基因组 DNA 的提取过程中，如何去除蛋白质、多糖、脂类等生物大分子？

（狄　勇）

实验 10　PCR 扩增 G6PD 基因外显子 11～12 片段

【实验目的】

1．能够说出 PCR 的基本原理。

2．能够再现 PCR 的操作过程。

3．能够列举出 PCR 技术的应用。

【实验原理】

聚合酶链式反应（polymerase chain reaction，PCR）是体外酶促合成特异 DNA 片段的一种方法，为最常用的分子生物学技术之一。典型的 PCR 由模板高温变性、引物与模板退火和引物链沿模板延伸三步反应组成一个循环，通过多次循环反应，使目的 DNA 得以迅速扩增。

PCR 能快速特异扩增任何已知目的基因或 DNA 片段，并能轻易在 50～100 μL 反应体积中，对皮克（pg）级含量的目的基因扩增得到微克级（μg）的特异性 DNA 片段。因此，PCR 技术一经问世就被迅速而广泛地用于分子生物学的各个领域。其不仅可以用于基因的分离、克隆和核苷酸序列分析，还可以用于突变体和重组体的构建、基因表达调控的研究、基因多态性的分析、遗传病和传染病的诊断、肿瘤机制的探索及法医鉴定等方面。

本实验扩增的是人葡糖 -6- 磷酸脱氢酶（glucose-6-phosphate dehydrogenase，G6PD）基因外显子 11～12 片段（其 cDNA 的 nt1118～nt1406），共 289 bp。所用引物序列为 5′-TCCATGATGTGGCCGGCGACATC-3′；5′-AGCAGTGGGGTGAAAATAC-3′。

【实验器材与试剂】

1．实验器材

PCR 仪、台式高速离心机、移液器、电泳仪、电泳槽。

2．试剂

DNA 模板、特异引物、10×PCR Buffer（缓冲液）、*Taq* DNA 聚合酶、2 mmol/L dNTPmix（含 dATP、dCTP、dGTP、dTTP 各 2 mmol/L）、DNA 染色试剂 Sybr Green 或 EB 溶液。

【实验步骤】

1．在冰浴中，按表 10-1 将各成分加入一无菌 0.2 mL 薄壁反应管中。

加蒸馏水至 50 μL，稍加离心混匀。视 PCR 仪有无热盖，不加或添加石蜡油。

2．设定反应程序，将上述混合液置 PCR 仪中进行扩增。扩增条件为 95 ℃预变性 2 min，进入循环扩增阶段：95 ℃ 30 s → 55 ℃ 30 s → 72 ℃ 30 s，循环 30 次，最后在 72 ℃保温 5 min。

表 10-1 PCR 反应试剂的配制

试剂	体积
10×PCR buffer（μL）	5
dNTP mix（2 mmol/L）（μL）	4
正向引物（10 pmol）（μL）	2
反向引物（10 pmol）（μL）	2
Taq 聚合酶（2 U/μL）（μL）	1
DNA 模板（1 ng/μL）（μL）	1

3．结束反应，将 PCR 产物放置于 4 ℃，待电泳检测或 −20 ℃长期保存。

4．PCR 的电泳检测：取 10 μL 扩增产物，琼脂糖凝胶电泳检测扩增结果（电泳操作详见实验 8）。

【实验结果】

在波长为 254 nm 的紫外灯下，观察电泳胶板。DNA 存在处显示出绿色或橙红色的荧光条带。

【注意事项】

1．PCR 反应必须在一个没有 DNA 污染的干净环境中进行，操作过程中均应戴手套。

2．所有试剂都应该没有核酸和核酸酶的污染，PCR 试剂配制应使用新鲜蒸馏水，采用 0.22 μm 滤膜过滤除菌或高压灭菌，玻璃器皿应洗涤干净并高压灭菌。

3．PCR 试剂的配制应在冰浴上进行。

【思考题】

1．PCR 扩增 DNA 与细胞内 DNA 半保留复制有何异同？

2．PCR 在临床上可用于哪些方面？

（杨银峰　彭　莉）

第二篇

综合性实验

这一部分收录的24个综合性实验主要来源于编者的科研项目，并且经过了多轮本科或研究生教学的实践。每个实验都应用了多种生物化学与分子生物学实验技术，有利于培养学生的科研思路和综合分析能力。这些实验中包括了酶动力学分析、真核基因克隆及其原核表达，以及表达产物的分离纯化等内容。这些实验应用了等电聚焦、SDS-PAGE、RT-PCR、Western Blotting以及免疫共沉淀等现代医学研究中常用的生物化学与分子生物学技术，可供不同层次和要求的学生选用和参考。

实验 11　血清蛋白的盐析及清 / 球比值的测定

【实验目的】

1．能够阐述盐析法的原理和方法。

2．能够解释血清蛋白质定量测定的临床意义。

【实验原理】

正常人的血清总蛋白中清蛋白占约 60% 以上，其余为球蛋白，两者比例为（1.5～2.5）：1。清蛋白在水中溶解性大于球蛋白，在血清中加入硫酸铵至半饱和时，球蛋白可被完全沉淀，而清蛋白保持溶解状态，依此可将清蛋白和球蛋白分离。通过考马斯亮蓝染色法测血清总蛋白及清蛋白的浓度。

正常血清中含有多种蛋白质，其总量为 6～8 g/mL。在某些病理情况下，如营养不良、肝脏疾患，可因蛋白质合成减少而降低；因肾病综合征，由于蛋白质从尿中流失而降低；而在严重脱水情况下，由于血液浓缩可致测出结果增高。血清蛋白浓度升高不如其降低的临床意义大，而清 / 球比值的改变更具有临床意义。

【实验器材与试剂】

1. 实验器材

台式高速离心机、旋涡混匀器、冷藏箱、可见分光光度计。

2. 试剂

（1）0.9%NaCl 溶液、饱和（NH_4）$_2SO_4$（pH 7.2）溶液。

（2）标准蛋白溶液（1 mg/mL）、考马斯亮蓝 G-250 试剂（见附录二）。

【实验步骤】

1. 血清蛋白的盐析

（1）取 1.5 mL 离心管 1 支加入 0.5 mL 血清，再逐滴滴加饱和硫酸铵 0.5 mL，边加边混匀（观察现象）。

（2）室温静置 5 min 后，10 000 r/min，离心 2 min，将上清小心移入另一支离心管内备用，此为盐析上清。

2. 血清蛋白含量测定

1）标准曲线制作

（1）蛋白标准液的倍比稀释：取 4 支 1.5 mL 离心管，标记 1 至 4 号，按表 11-1 加入试剂。

从 4 号管中取出 200 μL 至 3 号管中，混匀后再取 200 μL 至 2 号管中，依次稀释至 1 号管，此为倍比稀释。

表 11-1　标准蛋白溶液倍比稀释

试剂	1	2	3	4
0.9%NaCl 溶液（μL）	200	200	200	—
标准蛋白溶液（1 mg/mL）（μL）	—	—	—	400
蛋白质终浓度（mg/mL）（μL）	0.125	0.25	0.50	1

（2）标准曲线的制作过程：取 5 支干净的大试管，标记 0 至 4 号，按表 11-2 加入试剂。

表 11-2　标准曲线的制作

试剂	0	1	2	3	4
0.9%NaCl 溶液（μL）	100	—	—	—	—
对应加入倍比稀释的蛋白标准液（μL）	—	100	100	100	100
考马斯亮蓝 G-250 试剂（mL）	3	3	3	3	3

充分混匀，放置 2 min 后开始测吸光度，波长 595 nm，以 0 号管为空白调零点，1 h 以内测完。记录各管测定的吸光度 $A_{595\ nm}$，做标准曲线。

2）血清中蛋白质浓度的测定

（1）血清样品的稀释：取 2 支 1.5 mL 离心管，标记为 1、2 号，按表 11-3 稀释。

表 11-3　血清样品的稀释

试剂	1 号	2 号
0.9%NaCl 溶液（μL）	180	380
血清（μL）	20	

在 1 号管中加血清 20 μL 后混匀，然后取 20 μL 至 2 号管中混匀备用。2 号管最终稀释倍数：200。

（2）盐析上清（清蛋白）的稀释：取 2 支 1.5 mL 离心管，标记 3、4 号，按表 11-4 稀释。

表 11-4　盐析上清（清蛋白）的稀释

试剂	3 号	4 号
0.9%NaCl 溶液（μL）	180	180
盐析上清（μL）	20	—

在 3 号管中加盐析上清 20 μL 后混匀，然后取 20 μL 至 4 号管中混匀备用。4 号管最终稀释倍数：200。

（3）测定：取 2 支大试管，标记 5、6 号，按表 11-5 加入试剂。

表 11-5　血清中蛋白质浓度的测定

试剂	5 号	6 号
稀释血清（2 号管）（μL）	100	—
稀释盐析上清（4 号管）（μL）	—	100
考马斯亮蓝 G-250 试剂（mL）	3	3

充分混匀，放置2 min后以标准曲线0号管做空白。在波长595 nm下比色，记录$A_{595\ \mathrm{nm}}$，并通过标准曲线查得待测样品中蛋白质含量。

【实验结果】

1．以标准蛋白（0～4号管）终浓度为横坐标，相应的A值为纵坐标，绘制标准曲线。

2．根据测定管的A值，利用标准曲线在横坐标上找出其相应的浓度值（图示值）并带入下列公式计算待测的蛋白质浓度。

血清蛋白（总蛋白）浓度（mg/mL）＝图示值×200（稀释倍数）

盐析上清（清蛋白）浓度（mg/mL）＝图示值×200（稀释倍数）

3．计算清/球比值。

$$\text{清/球比值}=\frac{\text{清蛋白浓度}}{\text{总蛋白浓度}-\text{清蛋白浓度}}$$

【注意事项】

1．考马斯亮蓝G-250溶液必须贮存于棕色瓶内，此液可以长期使用，但如果变为蓝绿色，则不能使用。

2．标准蛋白溶液应新鲜配制，现用现稀释，避免蛋白质降解。

【思考题】

蛋白质定量测定的方法有哪些？并简要说明其原理。

（李治纲）

实验 12　丙二酸对琥珀酸脱氢酶的竞争性抑制作用

【实验目的】

1．能够阐述竞争性抑制作用的原理和特点。

2．能够根据实验结果解释丙二酸对琥珀酸脱氢酶的抑制作用。

3．能够列举影响酶活性的其他因素。

【实验原理】

心肌、肝脏、骨骼肌等组织中都含有琥珀酸脱氢酶。此酶是三羧酸循环中一个重要的酶。此酶催化琥珀酸脱氢转变成延胡索酸，脱下的 2H 由辅基 FAD 接受还原成 $FADH_2$。

丙二酸是琥珀酸脱氢酶的竞争性抑制剂，因它与琥珀酸的分子结构相似，故能与琥珀酸竞争琥珀酸脱氢酶的活性中心，丙二酸与酶结合后，酶活性受到抑制，抑制程度的大小，随抑制剂与底物二者浓度的比例而定。

本实验用甲烯蓝（MB^+）作为受氢体，蓝色的甲烯蓝受氢后还原为无色的甲烯白（$MBH+H^+$）。在隔绝空气的条件下，可以从甲烯蓝的颜色变化来观察琥珀酸脱氢酶的作用和活性。即从甲烯蓝的褪色程度来判断酶活性，并通过甲烯蓝的褪色变化来观察和认识丙二酸对琥珀酸脱氢酶活性的抑制作用。

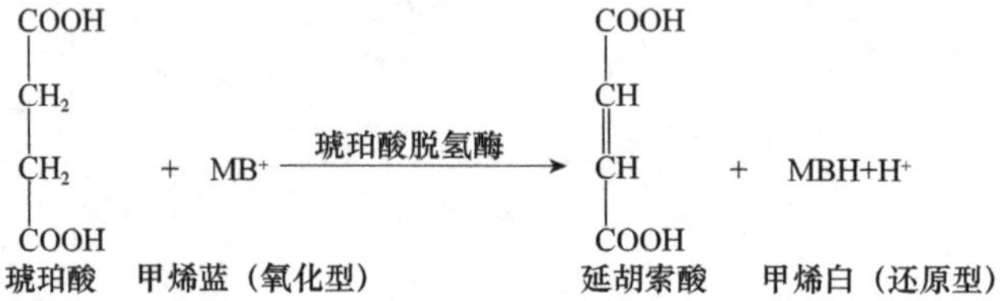

【实验器材与试剂】

1．实验器材

离心机、恒温水浴槽、手术剪、研钵（或电动匀浆机）、移液器、家兔（或小白鼠、蛙、鸡、猪）的肝脏。

2．试剂

（1）0.2 mol/L 琥珀酸、0.02 mol/L 琥珀酸、0.2 mol/L 丙二酸、0.02 mol/L 丙二酸。以上四种溶液均先用 5 mol/L NaCl 调节至 pH 7.0，再用 0.01 mol/L NaOH 溶液调节至 pH 7.4。

（2）1/15 mol/L pH 7.4 磷酸盐缓冲液：1/15 mol Na_2HPO_4 80.8 mL 与 1/15 mol KH_2PO_4 19.2 mL 混合即成。

（3）0.02% 甲烯蓝溶液、液体石蜡。

【实验步骤】

1. 酶提取液的制备

方法一：电动匀浆

将兔子处死，取出肝脏，放入电动匀浆机中，加入 50 mL 1/15 mol Na_2HPO_4 匀浆 2 min，使之成为匀浆液，再加入 1/15 mol Na_2HPO_4 溶液至 400～600 mL，混匀备用，此即为酶提取液。

方法二：研钵研磨

将兔子处死，取出肝脏，切成碎片后，放入乳钵中，每组取 8 g 左右，加入 5 mL 1/15 mol/L 的 Na_2HPO_4 溶液研成糊状，再加入 10 mL1/15 mol/L 的 Na_2HPO_4 溶液，混匀后，转移至离心管中，2000 r/min，离心 4 min，取上清液转入其他试管备用。

2．取试管 5 支，编号，按表 12-1 操作。

表 12-1 酶的竞争性抑制作用反应体系的配制

试剂	1	2	3	4	5
0.2 mol/L 琥珀酸（mL）	0.2	0.2	0.2	—	0.2
0.02 mol/L 琥珀酸（mL）	—	—	—	0.2	—
0.2 mol/L 丙二酸（mL）	—	0.2	—	0.2	—
0.02 mol/L 丙二酸（mL）	—	—	0.2	—	—
蒸馏水（mL）	0.2	—	—	—	1.2
酶提取液（mL）	1	1	1	1	—
0.02% 甲烯蓝（mL）	0.1	0.1	0.1	0.1	0.1

3．将上述各管摇匀，沿管壁加入液体石蜡以隔绝空气，放置 37 ℃水浴中保温，随时观察各管中甲烯蓝褪色情况，记录反应时间及结果。

【实验结果与分析】

根据观察到的各管甲烯蓝褪色程度及速度的变化，分析实验现象和结果，说明其原因。

【注意事项】

1．酶提取液的制备应操作迅速，以防止酶活性降低。

2．加入液体石蜡的作用是隔绝空气，以避免空气中的氧气对实验造成影响，因此加石蜡时试管壁要倾斜，注意不要产生气泡。

3．加完液体石蜡后，在观察结果的过程中，不要振摇试管，以免溶液与空气接触而使甲烯白重新氧化变蓝。

4．在 37 ℃水浴中保温，随时观察各管中甲烯蓝褪色情况，记录反应时间及结果。

5．实验结果结束后，一定要用清洗液洗干净试管内的液体石蜡。

【思考题】

1．以表格形式总结竞争性抑制作用、非竞争性抑制作用及反竞争性抑制作用。

2．为什么说丙二酸对琥珀酸脱氢酶的抑制作用的类型是竞争性抑制？请用实验结果来说明。

（赵一卉）

实验 13　血清蛋白质醋酸纤维素薄膜电泳分离及定量测定

【实验目的】

1. 能够阐述醋酸纤维素薄膜电泳分离血清蛋白质的原理和方法。

2. 能够解释血清蛋白质分离及测定的临床意义。

【实验原理】

由于血清中各蛋白质的等电点（pI）不同，在同一 pH 溶液中所带电荷量有所差异，此外各蛋白质的相对分子质量与分子形状也不相同，因此在同一电场中的迁移率不同。一般来说，蛋白质分子所带净电荷越多、相对分子质量越小者，迁移率越快；反之，则慢，故可将其进行分离。血清中各种蛋白质的等电点（pI）大都低于 7.0，在 pH 8.6 的缓冲液中，各种蛋白质均带负电，在电场中向正极移动。血清蛋白质的等电点、相对分子质量及在总蛋白中所占比例见表 13-1。

表 13-1　血清蛋白质等电点及相对分子质量

蛋白质名称	等电点（pI）	分子质量	占总蛋白的百分数（%）
清蛋白	4.88	67 500	57.45～71.73
α_1- 球蛋白	5.00	200 000	1.76～4.48
α_2- 球蛋白	5.06	300 000	4.04～8.28
β- 球蛋白	5.12	9 000～150 000	6.79～11.39
γ- 球蛋白	6.85～7.50	156 000～300 000	11.18～22.97

根据上述原理可将血清蛋白质分离为清蛋白、α_1- 球蛋白、α_2- 球蛋白、β- 球蛋白及 γ- 球蛋白五个区带。

蛋白质分离后，用染色剂染色（目前常用染料有氨基黑 10B、丽春红 S 等），在一定范围内，染料与蛋白质的结合与蛋白质的含量成正比，因此可将各蛋白区带剪下，分别用 0.4 mol/L NaOH 溶液洗脱，进行比色测定其相对含量。也可以将染色后的薄膜经透明处理后直接用吸光度计扫描，即可计算出血清各蛋白组分的相对百分数。

【实验器材与试剂】

1. 实验器材

醋酸纤维薄膜、常压电泳仪、电泳槽、可见分光光度计、37 ℃恒温水箱、点样器（可用盖玻片或 X 胶片）、点样板（载玻片）、染色皿 1 个、漂洗缸 2 个、钝头无齿镊、纱布、滤纸、剪子、吸管（或用移液器）。

2. 试剂

（1）巴比妥缓冲液（pH 8.6，0.07 mol/L，离子强度 0.06）：称取巴比妥钠 12.76 g、巴

比妥 1.66 g，加 500 mL 蒸馏水，加热溶解。待冷却至室温后，再加蒸馏水至 1000 mL。

（2）氨基黑 10B 染色液：称取氨基黑 10B 0.5 g，加入冰醋酸 10 mL 及甲醇 50 mL，混匀后加蒸馏水稀释至 100 mL。

（3）漂洗液：取 95% 乙醇 45 mL，加冰醋酸 5 mL，混匀后，用蒸馏水稀释至 100 mL。

（4）洗脱液（0.4 mol/L NaOH）：称取 NaOH 16 g，定容至1000 mL。

3. 实验材料

新鲜血清（未溶血）。

【实验步骤】

1. 准备

（1）醋酸纤维薄膜的准备：选择厚薄一致，透水性能佳的醋酸纤维薄膜，将薄膜无光泽面朝下，漂浮于盛有巴比妥缓冲液的平皿中，使之自然浸湿下沉，待薄膜充分浸透后（20～30 min）备用。

（2）电泳槽准备：将电泳槽置于水平台上，两侧注入等量的电泳缓冲液，使其在同一水平面，液面与支架距离 2～2.5 cm，支架间宽度调节在 5.5～6 cm，在两边支架上垫上约与支架同宽同长的长滤纸条各 1 条（需用巴比妥缓冲液完全浸透）。再准备 2 块双层纱布或大小合适的双层滤纸用于搭桥。

2. 点样

（1）选择膜条：用无齿镊夹住膜条一角将浸泡好的醋酸纤维素薄膜条（膜上没有白色斑纹，浸透均匀）从巴比妥缓冲液中取出置于洁净滤纸中间，用滤纸轻按吸去薄膜条上多余的缓冲液，使薄膜条处于不干不湿状态为佳，分辨出无光泽面后，在其一端 1.5～2 cm 处迅速用铅笔轻画一横线作“点样线”，并在膜条另一端边缘进行标记。

（2）取少量待测新鲜血清，涂布于点样用载玻片上，用点样器的一端均匀蘸取少许血清，垂直印在醋酸纤维素薄膜无光泽面“点样线”处，待血清完全渗入薄膜后移开。

3. 电泳

（1）将点样后的薄膜水平置于电泳槽支架两端，无光泽面（即点样面）朝下，点样端置于负极。膜条必须与两端支架上浸湿滤纸条贴紧，使膜条绷直，中间不下垂。若需电泳的膜条较多，则膜条间距应有 1～3 mm。再用纱布将膜的两端与巴比妥缓冲液连通，盖上盖子，平衡 5～10 min。

（2）将电泳槽的正极和负极分别与电泳仪的正极和负极连接，打开电源，调电压 90～110 V，电流强度 0.4～0.6 mA/cm，通电 1 h 左右。待电泳区带展开约 3.5～4.0 cm，即可关闭电源。

4. 染色

用镊子取出薄膜条直接浸于氨基黑 10B 染色液中染色 5 min。染色过程中不时轻轻晃动染色皿，使染色充分。若需染色的薄膜条较多，则要待一条薄膜完全浸入染色液后再放另一条薄膜，避免彼此紧贴致染色不良。

5. 漂洗

准备 2 个漂洗缸，装入漂洗液，从染色液中取出薄膜条并尽量沥去染色液，按顺序投入漂洗液中反复漂洗，直至背景无色为止。用滤纸吸干薄膜。

6. 定量

取 6 支试管，按顺序编上号码，将各蛋白区带仔细剪下，分别置于 1～5 号试管内，另于空白背景处剪下一条平均大小的膜条置于 0 号管中，在每个试管中加入 4 mL 洗脱液进行浸泡。室温下，浸泡 30～60 min；若 37 ℃水浴，则仅需 20 min，浸泡过程中不断摇动试管，使蓝色洗出。待各支试管内蓝色均完全洗出后，将各试管内的液体用可见分光光度计进行比色（若于 37 ℃水浴，脱色完毕后，需将试管拿出水浴箱在室温静置 5～10 min 后方可比色）。波长调至 620 nm，以 0 号试管内的洗出液调零，读取各管吸光度值。若洗出液有混浊或沉淀，以 4000 r/min 离心 10～20 min，再取上清液进行比色测定。

【实验结果】

比色测定结束后，各组分蛋白质的百分含量按下式计算：

$$各组分蛋白质百分浓度=\frac{A_X}{A_T}\times 100$$

A_X 表示各个组分蛋白质（清蛋白、α_1- 球蛋白、α_2- 球蛋白、β- 球蛋白和 γ- 球蛋白）吸光度；A_T 表示各组分蛋白质的吸光度总和。

各组分蛋白质绝对浓度（g/L）= 血清总蛋白（g/L）× 各组分蛋白质百分浓度（%）

【临床意义】

1. 正常血清蛋白电泳一般可分为 5 条区带，即清蛋白、α_1- 球蛋白、α_2- 球蛋白、β- 球蛋白和 γ- 球蛋白。

2. 脐带血清、胎儿血清、部分原发性肝癌血清，在清蛋白与 α_1- 球蛋白之间可增加一条甲胎蛋白带。

3. 急慢性肾炎、肾病综合征、肾功能衰竭时，清蛋白降低，α_1- 球蛋白、α_2- 球蛋白和 β- 球蛋白升高。

4. 慢性活动性肝炎、肝硬化时，清蛋白降低，β- 球蛋白、γ- 球蛋白升高。

5. 急性炎症时，α_1- 球蛋白、α_2- 球蛋白升高；慢性炎症时，清蛋白降低，α_2- 球蛋白、γ- 球蛋白升高。

6. 红斑狼疮、类风湿关节炎时，清蛋白降低，γ- 球蛋白显著升高。

7. 多发性骨髓瘤时，清蛋白降低，γ- 球蛋白升高，于 β- 球蛋白和 γ- 球蛋白区带之间出现“M”带。

【注意事项】

1. 醋酸纤维素薄膜的预处理：将膜条漂浮于电极缓冲液表面，如漂浮 15～30 s 后，膜片出现白斑点或条纹，提示膜片厚薄不匀，应舍去不用，以免造成电泳后区带扭曲、界限不清、背景脱色困难等结果。取膜时，为防止薄膜沾上指纹，应戴手套或用镊子。

2. 在通电状态下，不能直接接触槽内缓冲液或醋酸纤维素薄膜，以防触电。

3. 缓冲液液面要保证一定高度，同时电泳槽两侧的液面应保持同一水平，否则样品通过薄膜时有虹吸现象，会影响蛋白质分子的泳动速度。

4. 电泳后区带应无拖尾，各区带明显分开，如果电泳图谱分离不清或不整齐，最常见操作方面的原因有：点样量过多；点样不均匀、不整齐，样品触及薄膜边缘；薄膜条过湿，样品扩散；薄膜条未完全浸透或温度过高导致局部干燥或水分蒸发；薄膜位置歪斜、弯曲，与电流方向不平行等。

5．再次电泳时应交换电极使两侧电泳槽内缓冲液的正负离子相互交换，使缓冲液的pH维持在一定的水平。

6．在洗脱比色定量过程中，洗脱液加入量的多少，应根据当时膜条上色带颜色深浅而定，计算时应考虑稀释倍数问题。

【思考题】

1．记录醋酸薄膜电泳的条带结果，分析各条带的差别。

2．其他能分离血清蛋白质的方法有哪些？

（李小洁）

实验 14　动脉硬化指数的计算

【实验目的】

1. 能够阐述血清 HDL-CH、TCH 测定的原理和方法。

2. 能够解释动脉硬化指数与血清 HDL-CH、TCH 的关系及其临床意义。

【实验原理】

动脉粥样硬化和冠心病的发生与血清的 HDL-CH（高密度脂蛋白 - 胆固醇）呈负相关，而与 LDL-CH、VLDL-CH 呈正相关，因而测出 HDL-CH 和 TCH（总胆固醇）即可计算动脉硬化指数。

本实验用磷钨酸和氯化镁将血清中的 LDL、VLDL、CM 沉淀除去，即可在上清液中得到 HDL-CH。HDL-CH 和 TCH 分别经乙酸乙酯和无水乙醇混合液提取，再与三氯化铁和浓硫酸作用生成紫红色化合物，与同样处理的胆固醇标准液比色定量。

【实验器材与试剂】

1. 实验仪器

离心机、分光光度计。

2. 试剂

（1）磷钨酸钠溶液：磷钨酸 4 g，加蒸馏水 70 mL，稍加热使之溶解，用 1 mol/L NaOH 调 pH 到 6 左右（大约消耗 NaOH 5.0 mL）。加蒸馏水至 500 mL。若产生混浊，放置 2～3 d 后，取上清液调 pH 至 6.0～6.5。

（2）0.1 mol/L 氯化镁溶液、浓硫酸。

（3）显色剂：溶解 0.7 g $FeCl_3 \cdot H_2O$ 于 100 mL 冰醋酸中。

（4）抽提剂：乙酸乙酯与无水乙醇等量混合。

（5）胆固醇标准液（0.2 mg/mL）：精确称取胆固醇 20 mg 置于 100 mL 容量瓶中，加抽提剂溶解并稀释至刻度。

【操作步骤】

1. HDL-CH 管：吸取血清 0.5 mL（如用血浆则用 EDTA 抗凝）于离心管中，加入 0.25 mL 磷钨酸钠溶液，混合后再加 0.25 mL 氯化镁溶液，充分混匀，3500 r/min 离心 5 min。小心吸取上清液 0.4 mL 于标为“H”的离心管中，作为 HDL-CH 抽提管。

2. TCH 管：离心管中加血清及蒸馏水各 0.2 mL，标为“T”。

3. 向上述两管各加抽提液 2.0 mL，玻璃纸封口，充分振摇 5 min，3500 r/min 离心 5 min，转移上清液至新管，标记好备用。

4. 取试管 3 支，按表 14-1 操作。

放置 10 min 后比色，用空白管校正零点，于波长 550 nm 处读各管吸光度。

表 14-1 胆固醇的测定

试剂	O（空白管）	S（标准管）	H（HDL-CH）	T（TCH）
蒸馏水（mL）	0.1	0.1	—	—
抽提剂（mL）	0.5	—	—	—
胆固醇标准液（0.2 mg/mL）(mL）	—	0.5	—	—
HDL-CH 上清液（mL）	—	—	0.6	—
TCH 上清液（mL）	—	—	—	0.6
各管加入显色剂 2.0 mL，混匀				
各管沿管壁缓慢加入浓硫酸 2.0 mL，小心混匀				

5. 计算

（1）HDL-CH

$$\text{HDL-CH（mg/100mL）}=\frac{A_H}{A_S}\times 0.2\times 0.5\times\frac{1}{0.5\times 0.4/1.0\times 0.6/2.4}\times 100=\frac{A_H}{A_S}\times 200$$

（2）TCH

$$\text{TCH（mg/100mL）}=\frac{A_T}{A_S}\times 0.2\times 0.5\times\frac{1}{0.2\times 0.6/2.4}\times 100=\frac{A_T}{A_S}\times 200$$

（3）动脉硬化指数

$$\text{动脉硬化指数}=\frac{\text{（TCH）}-\text{（HDL-CH）}}{\text{HDL-CH}}$$

【参考范围】

1. HDL-CH 正常值：

（1）男性：41.1～62.3 mg/100 mL（1.06～1.61 mmol/L）。

（2）女性：41.7～67.3 mg/100 mL（1.08～1.74 mmol/L）。

（单位换算：1 mmol/L＝1 mg/100 mL×0.0259）

2. 动脉硬化指数正常值：

男性：3.54±0.71；女性：3.45±0.65。

动脉硬化指数升高，有发生心、脑血管病的可能。

【注意事项】

1．加磷钨酸钠后需充分混匀再加氯化镁，否则，磷钨酸钠和氯化镁作用，形成稳定的复合物，镁离子浓度降低，使低密度脂蛋白和极低密度脂蛋白沉淀不完全，结果偏高。

2．加显色剂后需充分混匀再沿管壁加浓硫酸，使三管散热情况相似。

【思考题】

1．血浆脂蛋白的分类、组成特点及其生理功能。

2．根据所学的理论知识分析：动脉粥样硬化和冠心病的发生与血清的 HDL-CH 呈负相关，而与 LDL-CH、VLDL-CH 呈正相关。

（杨银峰）

实验 15 红细胞葡糖 -6- 磷酸脱氢酶活性测定及家系分析

【实验目的】

1. 能够阐述紫外法及比值法测定葡糖 -6- 磷酸脱氢酶活性的原理和方法。

2. 能够解释葡糖 -6- 磷酸脱氢酶活性测定的临床意义。

一、紫外法

【实验原理】

葡糖 -6- 磷酸脱氢酶（G6PD）的常用活性单位有 U/L 、U/g Hb 两种。其中 U/g Hb 的定义为：每 1 g 血红蛋白（Hb）在 25 ℃的环境中每分钟产生 1 μmoL NADPH 为 1 单位（U）。G6PD 催化葡糖 -6- 磷酸（G6P）脱氢生成 NADPH，NADPH 在 340 nm 处有最大吸收峰；血红蛋白被氧化成高铁血红蛋白后在 540 nm 处有最大吸收峰，通过比色法可以计算出 NADPH 及血红蛋白的含量，从而推算出 G6PD 的比活性。

【实验器材与试剂】

1. 实验器材

恒温水循环紫外分光光度计、可见分光光度计、离心机。

2. 试剂

（1）0.5 mol/L Tris-HCl $MgCl_2$ 缓冲溶液（pH 8.0）：称取 Tris 12.1 g，$MgCl_2 \cdot 6H_2O$ 4.06 g，加入 160 mL 蒸馏水溶解，用 HCl 调 pH 至 8.0，然后加蒸馏水至 200 mL。

（2）2 mmol/L 尼克酰胺腺嘌呤二核苷酸磷酸（$NADP^+$）：称取 $NADP^+$ 21.3 mg，溶于 10 mL 蒸馏水中。4 ℃可保存 20 d 左右。

（3）6 mmol/L 葡糖 -6- 磷酸二钠（G6P-Na_2）：称取 21.5 mg G6P-$Na_2 \cdot 2H_2O$，溶于 10 mL 蒸馏水中。4 ℃可保存 20 d 左右。

（4）溶血剂：取巯基乙醇 0.1 mL，10%EDTA 2.0 mL，6 mmol/L $NADP^+$ 0.4 mL，加蒸馏水至总体积 200 mL。

（5）血红蛋白氧化试剂（Drabkin 试剂）：称取 $K_3Fe(CN)_6$ 0.2 g，KCN 0.052 g，$NaHCO_3$ 1.0 g，加蒸馏水至 1000 mL，置棕色瓶内避光保存，可保存 20 d。

（6）0.9%NaCl；ACD 抗凝剂。

【实验步骤】

1. 洗涤红细胞

取静脉血 2.0 mL，放入含 0.4 mL ACD 抗凝剂的试管中，混匀。吸取 0.2 mL 抗凝血放入试管中，加入 4 mL 预冷的生理盐水，轻轻摇匀，2500 r/min 离心 5 min，倾去上清，重复3次。

2. 溶血液的制备

向沉淀中加入溶血剂2.0 mL，震荡1 min，4 ℃放置10 min以上。

3. NADPH的测定

取石英比色杯两只，标为"测定"及"空白"，按表15-1操作：

表15-1 NADPH测定的体系配制

试剂	体积（μL）
蒸馏水	2040
0.5 mol/L Tris-HCl $MgCl_2$ 缓冲溶液	300
6 mmol/L G6P-Na_2	300
2 mmol/L $NADP^+$	300
混匀后放入带恒温水循环（25 ℃）的紫外分光光度计中，预热10 min	
然后在"测定"中加入"溶血液"60 μL，"空白"中加入"溶血剂"60 μL，混匀	

以"空白"调零，1 min后开始测340 nm吸光度（$A_{340\,nm}$），每2 min记录吸光度一次，至10 min止，比较每2 min A值的变化情况，若相近则表明酶促反应平稳。以10 min A值的变化（$\Delta A_{340\,nm}$）计算NADPH的产量。

4. 溶血液中血红蛋白含量的测定

取试管一支，按表15-2操作：

表15-2 血红蛋白测定的体系配制

试剂	体积（mL）
Drabkin试剂	3.0
溶血液	0.3

混匀，室温放置15 min，以Drabkin试剂调零，读取540 nm的吸光度（$A_{540\,nm}$）。

【实验结果】

1. NADPH产量的计算

NADPH在340 nm处，其每1 μmol的吸光系数（ε）为6.220，故10 min内NADPH的产量计算公式为：

$$\text{NADPH产量（μmol）}=\frac{\Delta A_{340\,nm}}{6.22}$$

2. 血红蛋白含量的计算

血红蛋白氧化为高铁血红蛋白以后，在540 nm处，其每1 mmol吸光系数（ε）为44，故溶血液中血红蛋白的含量计算公式为：

$$\text{血红蛋白含量（mmol）}=\frac{A_{540\,nm}}{44}$$

3. G6PD 比活性（U/ g Hb）的计算

$$\text{G6PD 比活性单位（U/gHb）} = \frac{\Delta A_{340\ \text{nm}}}{6.22} \times \frac{1}{10} \times \frac{1}{0.02} \times \frac{44 \times 100 \times 10 \times 1000}{A_{540\ \text{nm}} \times 64\ 500 \times 11}$$

$$= \frac{\Delta A_{340\ \text{nm}}}{A_{540\ \text{nm}}} \times 49.85$$

【参考范围】

正常值：大于 2.8 U/g Hb。

【临床意义】

G6PD 缺陷症是一种遗传性代谢性疾病，在疟疾高发的热带及亚热带地区发病率较高，全世界约有 4 亿人受此疾病影响。G6PD 缺陷症有多种临床表现，包括新生儿高胆红素血症、感染及药物引起的急性溶血性贫血和慢性非球形细胞溶血性贫血等。目前，世界上确定的 *G6PD* 基因突变有 150 多种。其遗传方式为 X 连锁不完全显性遗传，男性发病居多，部分女性杂合子亦可表现症状。通过对 G6PD 活性的检测，能明确有无 G6PD 活性的缺陷。如有缺陷，则可采取相应的预防措施，减少对人体健康的危害。

【注意事项】

1．洗涤红细胞时禁止剧烈震荡，避免溶血。

2．NADPH 测定时记录时间要准确。

二、比值法

【实验原理】

NADPH 通过 PMS 的递氢，使氯化硝基四唑蓝（NBT）由浅黄色还原成紫色的甲臜，G6PD 缺乏，生成 NADPH 不足，故不能将染料变为紫色。而将底物改为 6PGD 时，则显示正常，G6PD/6PGD 将更能反映 G6PD 轻度缺失。

【实验器材与试剂】

1. 实验器材

可见分光光度计、离心机。

2. 试剂

（1）0.25 mol/L Tris-HCl 缓冲溶液（pH 7.4）：称取 Tris 7.6 g，加入 10 mL 蒸馏水溶解，再加入 1 mol/L HCl 80 mL。调 pH 至 7.5，然后加蒸馏水至 200 mL。

（2）6.25 mmol/L 尼克酰胺腺嘌呤二核苷酸磷酸（$NADP^+$）：称取 5 mg $NADP^+$溶于 1 mL 0.25 mol/L Tris-HCl 缓冲溶液中。置 4 ℃可保存 1 个月以上。

（3）6.25 mmol/L 葡糖 -6- 磷酸二钠（G6P-Na_2）：称取 2.5 mg G6P-Na_2 溶于 1 mL 0.25 mol/L Tris-HCl 缓冲溶液中。置 4 ℃可保存 1 个月以上。

（4）0.06%MPMS：称取 MPMS 6 mg，加入 100 mL 蒸馏水溶解，用 0.01 mol/L HCl 调 pH 至 3.8。置暗瓶内可保存 1 个月以上。

（5）0.3%NBT：称取 NBT 15 mg，加入 50 mL 蒸馏水溶解，过滤。置暗瓶内可保存 1 个月以上。

（6）0.12 mol/L $MgCl_2$：称取 $MgCl_2$ 57.13 mg，加入 5 mL 蒸馏水溶解。

（7）反应试剂Ⅰ、Ⅱ的配制见表15-3。

表15-3 反应试剂的配制

反应试剂Ⅰ	体积（mL）	反应试剂Ⅱ	体积（mL）
Mg^{2+}-buffer	0.5	Mg^{2+}-buffer	0.5
$NADP^+$	0.1	$NADP^+$	0.1
G6P	0.4	6PG	0.4
PMS	0.1	PMS	0.1
NBT	0.5	NBT	0.5

【实验步骤】

1. 溶血液的制备：取抗凝全血50 μL，加入双蒸水1 mL溶血。

2. 每份样本取试管二支，标1、2号管后分别加入溶血液0.1 mL。

3. 取反应试剂Ⅰ和反应试剂Ⅱ各0.1 mL分别加入1、2号管内，混匀立即置37 ℃水浴箱准确保温30 min。

4. 取出试管，立即向各管内加入7 mol/L尿素2.5 mL终止反应。

5. 以水作空白对照，于650 nm波长读取1、2号管的光密度值（S_1和S_2）。

【实验结果】

1. 成人正常值：S_1/S_2=G6PD/6PGD=1.0～1.67（若S_1/S_2<1.0则为G6PD缺乏）。脐血正常值：1.1～2.3。

2. 简易法：如果第一管的色泽明显深于第二管，则可判为正常；反之如第二管的色泽明显深于第一管，则可认为G6PD缺乏，如两管颜色相差不大则必须比色来判定。

【注意事项】

1. NADP、G6P、6PG和Mg^{2+}-buffer必须放−20 ℃保存，PMS、NBT则放4 ℃避光保存。

2. 配一份反应试剂可做15～16份标本，若标本不多可减量配制。反应试剂配好后需当天使用，−20 ℃可第二天用。

3. 久置标本或凝血标本全血量可加大，视实际情况而定，总之溶血液太浓或太稀对结果有一定影响。

【案例分析】

- 先证者：女，14岁，曾于2岁半时进食蚕豆后发生急性溶血，皮肤黄染，病史资料显示：Hb：58 g/L；RBC：2.5×10^{12}/L；输血后逐渐缓解。以该先证者为1号样品，2号样品是其姐姐，3号样品是其弟弟，4号样品是其母亲，5号样品是其父亲。分别测定各样品的G6PD比活性，以测定结果绘制家系图。

（杨银峰）

实验 16　针刺“足三里”穴对家兔血糖浓度双向调节作用的观察

【实验目的】

1. 能够阐述针刺对血糖浓度的影响。

2. 能够列举出针灸作用的基本特点。

3. 能够重复针刺穴位的选取和采用的手法。

【实验原理】

针刺是一种非特异性刺激，其对机体生理、病理过程的影响，主要取决于机体本身的机能状态，如偏盛偏衰表现为调理，痛症则表现为镇痛等。大量实验研究也表明针灸作用的基本特点是双向调节作用。本实验通过针刺实验性高血糖和低血糖家兔的“足三里”穴位，比较针刺该穴位后家兔血糖浓度的变化，从而观察针刺的双向调节作用。

【实验器材与试剂】

1. 实验器材

针灸针、注射器、台式磅秤、动物解剖台、抗凝管、恒温水温箱、刻度吸管或微量移液器、离心机、分光光度计。

2. 试剂

胰岛素注射液（40 U/mL，按 1.5 U/kg 稀释）、肾上腺素注射液（1∶1000，按 0.37 mL/kg 稀释）、葡萄糖氧化酶 - 过氧化物酶血糖浓度测定试剂盒、二甲苯、凡士林、肝素抗凝剂（配成 2500 U/mL）。

【实验步骤】

1. 动物准备

正常家兔四只，实验前需禁食 16 h。编号、分别称量体重，固定于动物解剖台上。

2. 注射前取血

取抗凝管 4 支，编号。剪去家兔耳缘静脉处的兔毛，用二甲苯擦拭兔耳缘静脉，使其充血。预先在切口周围抹上凡士林以防止溶血，切开耳缘静脉，让血液流入抗凝管中，边取边摇动抗凝管，防止血液凝固，约取 1.5 mL，立即以 2500 r/min 的转速离心 15 min，分离血浆备用。

3. 对家兔注射激素以及注射激素的同时针刺“足三里”穴

1 号家兔皮下注射胰岛素（1 mL/kg 体重）。2 号家兔皮下注射胰岛素（1 mL/kg 体重），同时针刺两侧“足三里”穴位，留针 30 min。进针后立即捻针 1 min，其间每隔 9 min 捻针 1 min，出针前再捻针 1 min。3 号家兔皮下注射肾上腺素（1 mL/kg 体重）。4 号家兔皮下注射肾上腺素（1 mL/kg 体重），同时针刺两侧“足三里”穴位，留针时间及手法同 2 号家兔。

4. 再次取血

注射激素后 60 min（即出针后 30 min），对每只家兔心脏取血，约取 1.5 mL，立即以 2500 r/min 的转速离心 15 min，分离血浆备用。

5. 血糖浓度测定

取试管 10 支，按表 16-1 的要求加入血浆及各种试剂，用葡萄糖氧化酶 - 过氧化物酶法测定家兔注射激素前、后和注射激素加针刺前、后的血糖浓度。试剂加好后混匀，置于 37 ℃水浴中保温 15 min 后取出，冷却至室温。在波长 505 nm 处以空白管调零，读取标准管及测定管吸光度。

表 16-1 测定血糖浓度的反应体系配制

试剂（mL）	胰前	胰后	肾前	肾后	胰针前	胰针后	肾针前	肾针后	标准管	空白管
血浆	0.03	0.03	0.03	0.03	0.03	0.03	0.03	0.03	—	—
葡萄糖标准液	—	—	—	—	—	—	—	—	0.03	—
蒸馏水	—	—	—	—	—	—	—	—	—	0.03
酶酚混合试剂	0.03	0.03	0.03	0.03	0.03	0.03	0.03	0.03	0.03	0.03

注：胰前．注射胰岛素前；胰后．注射胰岛素后；肾前．注射肾上腺素前；肾后．注射肾上腺素后；胰针前．注射胰岛素加针刺前；胰针后．注射胰岛素加针刺后；肾针前．注射肾上腺素加针刺前；肾针后．注射肾上腺素加针刺后

【实验结果】

1．血糖浓度的计算：

$$血糖浓度（mmol/L）=\frac{测定管吸光度}{标准管吸光度}\times 标准管浓度$$

2．通过计算比对实验结果，观察针刺“足三里”穴位对家兔血糖浓度的双向调节作用。

【参考范围】

正常成人参考范围：3.9～6.0 mmol/L；家兔：4.32～8.60 mmol/L。

【注意事项】

1．家兔“足三里”穴位于膝关节的前外侧，腓骨小头下约 1.2 cm，前缘离胫骨嵴约 1 cm 处，左右肢各一穴（根据兔病针灸科研协作组资料）。

2．本实验的成败与取穴位置是否正确及针刺手法密切相关，操作时应以毫针直刺入 1.5～2.5 cm，进针后应有紧滞感，捻针时家兔应有反应，如下肢抽动等。如进针后感到针下空松，无任何抵抗，捻针时家兔也无任何反应，则实验往往失败。

【思考题】

针刺“足三里”穴对血糖浓度有何影响？

（吴冠儒）

实验 17 人血浆同型半胱氨酸的测定（ELISA 方法）

【实验目的】

1. 能够阐述同型半胱氨酸测定的基本原理和方法。
2. 能够解释同型半胱氨酸测定的临床意义。

【实验原理】

同型半胱氨酸（homocysteine，Hcy）是体内一种含硫氨基酸，为甲硫氨酸代谢的中间产物。体内 Hcy 代谢途径主要有两条。其一，Hcy 甲基化途径再生成甲硫氨酸。该反应过程中需要甲硫氨酸合成酶（methionine synthase，MS）的催化，这种酶广泛存在于哺乳动物细胞内。其二，转硫途径。Hcy 在胱硫醚 -β- 合成酶（cystathionine-β-synthase，CBS）催化下合成胱硫醚，通过转硫降解为胱氨酸和 α- 丁酮酸。正常人体内 Hcy 含量很少，一般正常空血液范围为 5～15 μmol/L。高同型半胱氨酸血症（Hyperhomocysteinemia，Hhcy）是指血中 Hcy 高于正常值，轻度为 16～30 μmol/L、中度 31～100 μmol/L、重度＞100 μmol/L。研究表明，Hcy 与诸多疾病密切相关，因此监测血液中 Hcy 的水平在临床相关疾病的防治中具有极其重要意义。

目前，血浆（或者血清）Hcy 的测定主要采用高效液相色谱法（high performance liquid chromatography，HPLC）和酶联免疫吸附法（enzyme-linked immunosorbent assay，ELISA）。其中 ELISA 具有成本低、操作简单、重复性好等优点，已经成为测定血液中 Hcy 的最主要方法。ELISA 主要包括双抗体夹心法、双抗原夹心法、间接法、竞争法等，其中双抗体夹心法使用较为普遍。该法基本原理是使抗体结合到某种固相载体表面，形成固相载体；使待检测的抗原与固相载体结合，形成抗原抗体复合物，通过多次洗涤除去样本中的其他物质；加入酶标的抗体，使其与形成抗原抗体复合物的抗原结合，再通过多次洗涤后，除去未结合的酶标抗体；加入酶催化的底物后产生显色反应，根据颜色的有无和产生的颜色深浅程度来对样本中的抗原进行定性和定量分析。

【实验器材与试剂】

1. 实验器材

离心机、酶标仪、恒温浴槽、微量移液器、冰箱。

2. 试剂

双抗体夹心法测定试剂盒。

【实验步骤】

1. 样本制备

取抗凝血液，1000 *g* 离心 10～15 min 获得血浆。

2. Hcy 测定

根据测定试剂盒使用说明，通常采用如下步骤。

（1）测定前将样本和试剂盒在常温下平衡。

（2）在酶标板中加入标准品和待测血浆，充分混匀后，洗涤液洗涤除去其他未结合的物质，扣干剩余的液体。

（3）加入酶标抗体，充分混匀。待结合完成后，用洗涤液洗涤除去未结合的酶标抗体，扣干剩余的液体。

（4）加入酶标抗体所携带酶催化的底物，充分反应后加入终止液。

（5）在酶标仪上选择 450 nm 比色测定吸光度值。

【实验结果】

将所用标准品的浓度作为横坐标，吸光度值作为纵坐标作图绘制标准曲线，根据标准曲线以及样本的吸光度值得到 Hcy 的浓度。

【参考范围】

正常成人血浆 Hcy 的空腹范围为 5～15 μmol/L。

【临床意义】

正常情况下，血液中的 Hcy 处于较低水平，当 Hcy 的含量超过 15 μmol/L 称为高同型半胱氨酸血症。Hhcy 是心脑血管疾病的独立危险因素之一，同时还与代谢综合征、老年痴呆、骨质疏松、视网膜疾病、多囊卵巢综合征、肾脏疾病等密切相关。

【注意事项】

1. 实验中注意不要出现样本和试剂的交叉污染，否则会导致实验的失败。
2. 样本应及时进行检测，如果需要长时间保存，请放入低温环境下，避免反复冻融。
3. 吸光度值的读取应在短时间内完成，否则会影响测定的结果。
4. 每次测定时必须做标准曲线。标准品和样本必须做平行孔，取平均值作为测定的结果。

【分析思考题】

1. 测定 Hcy 常用的方法有哪些？并写出基本原理。
2. 测定 Hcy 具有什么样的临床意义？

（李树德）

实验 18　pMD19-*G6PD* 重组子的蓝白斑筛选及酶切鉴定

一、pMD19-*G6PD* 重组子的蓝白斑筛选

【实验目的】

1. 能够阐述蓝白斑筛选阳性重组子的原理。
2. 能够完成感受态大肠杆菌制备的操作。

【实验原理】

1. pMD19-*G6PD* 重组子的构建

此重组子的构建过程为：从云南省德宏州梁河县居住的阿昌族人群中采集血样，分离得到总 RNA，经 RT-PCR 获得人 *G6PD* 基因的 cDNA（1548 bp），与 pMD19-T 载体连接后形成重组子 pMD19-*G6PD*，其分子大小为 4254 bp。

2. 感受态细菌的制备

大肠杆菌经处理后，能容纳外源 DNA 的进入，处于这一状态的细胞称为感受态细胞（competent cell）。制备感受态细胞的基本过程如下：将处于对数生长期的细菌悬浮于冰冷的 $CaCl_2$ 溶液中，细胞在冰浴一段时间后膨胀成球形，细胞膜的通透性增加，细胞就具备了感受态特性。此时加入外源 DNA，经 42 ℃短暂热处理后，外源 DNA 进入感受态细胞。

3. α- 互补的原理

某些载体上带有 β- 半乳糖苷酶基因（*lac Z*）的调控序列和 β- 半乳糖苷酶 N 端编码序列。这个编码区中存在一个多克隆位点，可供外源 DNA 片段的插入。*E.coli* DH5α 菌株带有 β- 半乳糖苷酶 C 端序列的编码信息。在各自独立的情况下，载体和 *E.coli* DH5α 编码的 β- 半乳糖苷酶的片段都没有酶活性。当他们同时存在时，可形成具有酶学活性的蛋白质。这样，宿主细胞中有缺陷的 β- 半乳糖苷酶与带有 *lac Z* 基因的质粒之间实现了互补，称为 α- 互补。由 α- 互补产生的 Lac^+ 细菌较易识别，在 IPTG 诱导下，能催化底物 X-gal（5- 溴 -4 氯 -3- 吲哚 -β-D- 半乳糖苷）生成蓝色代谢产物，从而在培养基上形成蓝色菌落。当外源片段插入到多克隆位点上后会导致读码框架改变，使所表达的蛋白失活，失去 α- 互补能力，在同样条件下含重组质粒的转化子在培养基上只能形成白色菌落。因此，α- 互补又称为蓝白斑筛选。

【实验器材与试剂】

1. 主要设备

台式高速离心机、恒温水浴箱、移液器。

2. 试剂

（1）Competent Cell Preparation Kit（含 Solution A 和 Solution B）；pMD®19-T Simple

Vector。

（2）20 mg/mL X-Gal、1 moL/L IPTG、LB 培养液、SOC 培养液。（见附录二）

【实验步骤】

1. 感受态细胞的制备方法

（1）菌种纯化

① 用接种针挑取大肠杆菌（−70 ℃甘油保存菌），在 LB 平板上分级划线，以能够出现单菌落为宜。

② 将上述划线的平板培养基倒置于恒温培养箱中 37 ℃过夜培养。

（2）菌体培养

① 在划线平板培养基上挑取单菌落，接种到 20 mL LB 培养液中。

② 37 ℃振荡（约 120 r/min）培养，测定，当 $A_{600\ nm}$ 达到 0.35～0.5 时（约培养 5 h）放置于冰上停止培养，备用（如果 $A_{600\ nm}$ 值超出此范围将不能保证感受态细胞的转化效率）。

（3）感受态细胞的制备

① 取上述菌体培养液 1 mL 于 1.5 mL 离心管中。

② 4 ℃，4000 r/min，离心 5 min，弃上清（注意尽量除尽上清）。

③ 在每个离心管中加入 100 μL 冰中预冷的 Solution A，轻轻弹动离心管使沉淀悬浮，禁止剧烈振荡。

④ 4 ℃，4000 r/min，离心 5 min，弃上清（注意尽量除尽上清）。

⑤ 在每个离心管中加入 100 μL 冰中预冷的 Solution B，轻轻弹动离心管使沉淀悬浮，禁止剧烈振荡。

⑥ 感受态细胞制作完成。

本感受态细胞可以直接用于 DNA 的转化实验，也可以于 −80 ℃中保存，以备以后使用。在 −80 ℃保存时，可以有效保存一年以上，但不能反复冻融，一旦融解后，不能再进行 −80 ℃保存。

2. 质粒转化

（1）取质粒样品约 0.1～10 ng（3～10 μL）加入至 100 μL DH5α 感受态细胞中，轻轻混匀，冰中放置 30 min。

（2）42 ℃加热 90 s 后，再在冰中放置 5 min。

（3）加入 890 μL SOC 培养液（37 ℃预温），37 ℃振荡培养 60 min。

（4）将转化菌液均匀涂布在含有 X-gal、IPTG、Amp 的 LB 平板上，37 ℃温箱中过夜培养。

【实验结果】

第二天，取出培养皿，观察计数白色、蓝色菌落。

【注意事项】

1. 制作感受态细胞时应使用专用的玻璃器皿或塑料容器。洗刷这些玻璃器皿或塑料容器时应尽量洗净。

2. 制作感受态细胞时使用的菌种，不应使用 4 ℃或常温保存的传代细菌。应使用 −70 ℃保存的菌种，在 LB/ 抗生素平板培养基上分级划线培养后，挑取单菌落。使用这种菌种制作的感受态细胞，能提高转化效率。

3. 用于制备感受态的大肠杆菌应为处于对数生长期的细胞，培养过程中注意监测 $A_{600\ nm}$ 值，当 A 值达到 0.35～0.5 时，放置于冰上停止培养。

4. 用于感受态细胞制备的菌体培养停止后要立即处理，不要将培养液长时间室温放置，在冰中放置时也不要时间过长。

5. 感受态细胞的制备操作过程中，离心后弃上清时要尽量弃尽，否则会降低感受态细胞的转化效率。

6. 悬浮沉淀时要用手指轻轻弹动离心管壁，禁止剧烈振荡操作。

7. 转化时质粒 DNA 的体积不能超过 10 μL，否则会影响转化效率。

【思考题】

1. 阳性重组体筛选和鉴定的方法有哪些？

2. 蓝白筛选实验中，蓝色菌落和白色菌落分别含有什么样的质粒 DNA？为什么？

二、pMD19-*G6PD* 重组子的酶切鉴定

【实验目的】

1. 能够完成质粒 DNA 小量快速提取法。

2. 能够解释 DNA 限制性核酸内切酶酶切鉴定的原理。

【实验原理】

质粒提取及酶切鉴定的相关原理参照实验 8。

【实验器材与试剂】

参照实验 8。

【实验步骤】

1. 培养细菌

取出前一实验的转化平板，挑取蓝色和白色单菌落分别置于 2 支含 3 mL LB/Amp 培养液的试管中过夜培养。

2. 细菌中质粒 DNA 的快速提取

（1）取两支 1.5 mL 离心管，分别标记为“A”和“B”，取蓝色菌落培养菌液 1.4 mL 置于 A 管中，取白色菌落培养菌液 1.4 mL 置于 B 管中，10 000 r/min 离心 1 min，弃上清液。各加入 150 μL 的溶液Ⅰ，充分混悬细菌，在室温下放置 10 min。

（2）各加入 200 μL 新配制的溶液Ⅱ。加盖，颠倒 5 次使之混匀。冰上放置 5 min。

（3）各加入 150 μL 冷却的溶液Ⅲ，加盖后颠倒 5 次混匀，冰上放置 15 min。10 000 r/min 离心 5 min，上清液移入另一离心管中。

（4）向上清液中各加入等体积苯酚 / 氯仿，震荡混匀，10 000 r/min 离心 2 min，将上清液转移至新的离心管中。

（5）向上清液中各加入等体积无水乙醇，混匀，室温放置 2 min。10 000 r/min 离心 5 min，倒去上清乙醇溶液，将离心管倒扣在吸水纸上，吸干液体。

（6）各加入 1 mL 70% 乙醇，震荡后 10 000 r/min 离心 1min，弃上清液，晾干，加入 20 μL 的 TE 缓冲液，使 DNA 完全溶解，得质粒 A 和质粒 B 待用。

3. 质粒 DNA 的限制酶切

取洁净灭菌 1.5 mL 离心管 2 支，分别标记为“A”和“B”，按表 18-1 操作。

表 18-1 质粒 DNA 的限制酶酶切（20 μL 反应体系）

试剂	A	B
质粒 A（μL）	x（≤1 μg）	—
质粒 B（μL）	—	x（≤1 μg）
10× 酶切缓冲液（μL）	2	2
Nde Ⅰ（μL）	1	1
Xho Ⅰ（μL）	1	1
蒸馏水（μL）	（16−x）	（16−x）

置于 37 ℃水浴中，酶解 1 h，反应终止后，各酶切样品于冰箱中贮存备用。

4. DNA 琼脂糖凝胶电泳

电泳操作参照实验 8。

【实验结果】

在波长为 254 nm 的紫外灯下，观察 DNA 条带，分析质粒 A 和质粒 B 哪个是空载体？哪个是重组体？

（杨银峰）

实验 19　SDS-PAGE 测定蛋白质的表观分子质量

【实验目的】

1. 能够阐述 SDS-PAGE 技术分析蛋白质的基本原理和方法。

2. 能够说出 SDS-PAGE 测定蛋白质表观分子质量（appearance molecular weight）的原理和方法。

3. 能够解释 SDS-PAGE 在生物医学研究中的应用。

【实验原理】

SDS-PAGE 为英文 sodium dodecyl sulfate-polyacrylamide gel electrophoresis 的英文缩写，中文全称为 SDS- 聚丙烯酰胺凝胶电泳，是目前各生物医学实验室研究蛋白质最为常用的技术手段之一。SDS-PAGE 技术常用于对生物样品中蛋白质的组成进行定性、定量分析，蛋白质表观分子质量测定，以及作为蛋白质印迹分析和蛋白质双向电泳分析的实验步骤之一。

电泳分离方法是利用带电荷的颗粒在电场中会向其所带电荷相反的电极端泳动，而荷电颗粒在电场中泳动的快慢与颗粒的大小、所带电荷的多少（两者综合成为质荷比）以及颗粒的形状有关，从而实现将在这三方面存在差异的不同带电颗粒分离开来的目的。

在蛋白质 SDS- 聚丙烯酰胺凝胶电泳中，以带强负电荷的蛋白质变性剂 SDS 分子与蛋白质分子结合，使所有蛋白质分子发生变性失去原有的固有立体结构，变为线性分子，消除了不同蛋白质分子之间的立体结构的差异。同时 SDS 与蛋白质分子的结合是成比例的，使不同的蛋白质分子都带几乎相同比例的负电荷，具有相同的质荷比。这样，当这些不同的蛋白质分子在自由电场中由负极端向正极端泳动时，泳动速度相同。而具有网眼结构的聚丙烯酰胺凝胶具有分子筛作用，使较小的蛋白质分子易于通过（泳动快），而较大的蛋白质分子不易通过（泳动慢）。产生的综合效果是 SDS- 聚丙烯酰胺凝胶电泳可以将不同分子质量大小的蛋白质分子按蛋白质的分子质量大小分离开。蛋白质分子在 SDS-PAGE 中泳动的快慢（迁移率）与其分子质量的对数值成反比，因此 SDS-PAGE 又常常被用来测定未知蛋白质分子的表观分子质量。蛋白质分子的表观分子质量是蛋白质的一个特征性的数值，如大家熟知的一种抑癌基因蛋白质 P53，P53 表示该蛋白质的表观分子质量为 53 kDa（kilo Daltons）。尤其在一个蛋白质的功能特性尚未确定时，把表观分子质量作为其名称，在科技文献中非常普遍。

不连续缓冲体系 SDS- 聚丙烯酰胺凝胶电泳是 SDS- 聚丙烯酰胺凝胶电泳众多方法中的一种，由于其电极液和凝胶缓冲体系的组成成分和 pH 存在差异的特点，对电泳时在电泳胶中形成的蛋白质区带具有压缩作用，极大地提高了蛋白质凝胶电泳的分辨率，而且电泳的分辨率受样品电泳体积影响较小，因而应用最为广泛。因此，本实验采用不连续缓冲体系 SDS- 聚丙烯酰胺凝胶电泳方法。

蛋白质 SDS- 聚丙烯酰胺凝胶电泳可以用于蛋白质的定性定量分析、蛋白质的纯度分析、蛋白质的检测，以及作为蛋白质分离纯化的方法，酶活性分析（如胶内激酶活性分析），分子生物学的经典方法——蛋白质印迹分析（Western blotting）的第一步骤，目前蛋白质组学研究常用方法——双向电泳的第二步骤，等等。

【实验器材与试剂】

1. 实验器材

成套垂直板电泳装置、电泳电源、移液器、电动摇床、染色脱色塑料盒、水浴箱。

2. 试剂

（1）分离胶缓冲液、压缩胶缓冲液、40% 丙烯酰胺胶液、10% 过硫酸铵、1×SDS-PAGE 电泳上样液、SDS-PAGE 电泳电极液、0.1% 考马斯亮蓝 R-250 染色液（见附录二）。

（2）TEMED（*N*, *N*, *N′*, *N′*-TetraMethyl Ethylene Diamine, *N*, *N*, *N′*, *N′*- 四甲基乙二胺，丙烯酰胺聚合催化剂）、蛋白质分子质量标准物（protein molecular weight standard）、凡士林。

（3）固定液：25% 异丙醇，10% 乙酸。

（4）脱色液：25% 乙醇，10% 乙酸。

【实验步骤】

1. 胶模准备

取胶模玻璃板，长短各一；长玻板平置桌面，左右和底部各放一塑料垫条（为防止胶液泄漏，可以在塑料垫条的两面都涂上一层薄薄的凡士林）；然后盖上有耳短玻板，底部对齐，左右和底部三侧用夹子夹紧，直立于桌面上（不同品牌模具装配方式有所不同）。

2. 配分离胶与压缩胶

取一个 200～250 mL 烧杯，按表 19-1 配分离胶：

表 19-1 SDS-PAGE 分离胶和压缩胶的配制

试剂	分离胶（10%）	压缩胶（5%）
蒸馏水（mL）	19.6	5.0
40% 丙烯酰胺胶液（mL）	10	1.0
分离胶缓冲溶液（pH 8.8）（mL）	10	—
压缩胶缓冲溶液（pH 6.8）（mL）	—	2.0
10% 过硫酸铵（mL）	0.4	80
TEMED（μL）	20	8
总体积（大约）（mL）	40	8

立即混匀分离胶溶液，灌入胶模，距胶模顶部约 1.5 cm，徐徐加入 1 mL 蒸馏水覆盖胶顶，等待胶液聚合。

待分离胶与其上覆盖的水层之间的分界线由清晰逐渐变为模糊和消失，当这个分界线又重新出现后，表明凝胶已经聚合，可以倾去上层水，并用滤纸吸干。然后取一个 100 mL 烧杯按表 19-1 配制压缩胶，立即摇匀，灌入胶模至距胶顶约 0.5 cm；徐徐插入上样梳，勿留任何气泡于胶液中，如果胶液面未达短玻板的上缘时，需要添加压缩胶液至满；放置 1 h 以上等待压缩胶聚合。

3. 样品准备

取含 250 μg 蛋白质样品转移入 1.5 mL 离心管中，分别加 1× SDS 电泳上样缓冲液至 250 μL，混匀；置 37 ℃保温 1 h，或者于 95 ℃加热 15 min，15 000 r/min 离心 5 min 备用。

4. 电泳装置装配

待凝胶凝聚合后，先去除夹在胶模底部的夹子和塑料垫条，然后再去除夹在胶模两边的其余夹子；将电泳仪的下槽中注满电极液，将胶模的有耳短玻板面向电泳仪中的支架，插入电泳仪下槽；用大夹子将胶模上部与支架夹紧，如果发现凝胶的底部玻璃板之间有气泡，可以用注射器吸满电极液，快速注入凝胶的底部，将气泡驱除；向电泳仪上槽中加入电极液，至没过短玻板上缘 1 cm；初学者可用记号笔在上样梳的齿端标记上样井的位置，然后垂直向上缓缓拔出上样梳，如上样井壁有歪斜情况，可用拉直的回行针理直。观察上槽液是否有泄漏发生，如有泄漏发生务必要采取措施解决，只有当泄漏问题解决之后方可上样，否则电泳会在上槽电极液低于胶模的短玻板上缘时自行停止。

5. 上样

视凝胶厚度和上样井宽度，向上样井中顺序加入适当体积的样品，上样时吸头尖斜顶住上样井的长玻板面，徐徐注入样品液以及蛋白质分子质量标准物 5～20 μL。

6. 电泳

将电泳电源与电泳仪用导线相连，负极接上槽，正极接下槽；按 3 V/cm 加电压过夜电泳。

7. 固定漂洗

一般待蛋白质电泳进行到溴酚蓝带迁移至距离胶底 0.5～1 cm 处，关闭电泳电源，断开连接导线；倾去电极液，卸下胶模，将短玻板面向下平置于实验台面，用不锈钢压舌板插入两玻板之间，轻轻撬起上面的玻板，用滤纸或者吸水纸贴于压缩胶上片刻，然后揭去滤纸或者吸水纸以及粘在其上的压缩胶，取下分离胶胶块浸泡于 5～10 体积固定液中，放置于电动摇床上振摇 30～60 min。

8. 染色

弃去固定液，加入 5 倍体积的染色液，于摇床上振摇 2～16 h。

9. 脱色

倾去染色液，加入 5 体积脱色液，于摇床上振摇至背景的蓝色脱净，一般需要每 3～4 h 换脱色液一次，换脱色液 2～3 次。

【实验结果】

1. 测量蛋白质区带迁移距离

将脱色完毕的胶转移平铺于玻璃板上，玻璃板下面放一直尺，测量记录电泳指示剂溴酚蓝前缘、分子质量标准物中各个蛋白质分子区带以及各个待测分子质量蛋白质区带与分离胶顶部的距离，精确到毫米。

2. 计算各蛋白质区带的电泳迁移率

一种蛋白质的电泳迁移率等于该蛋白质的电泳迁移距离与电泳指示剂溴酚蓝前缘迁移距离之比（迁移率＝蛋白质电泳迁移距离 / 溴酚蓝电泳迁移距离）。

3. 做分子质量标准曲线图

以迁移率为横坐标，蛋白质分子区带的分子质量的对数值为纵坐标，在坐标纸上标注；根据已知分子质量大小的分子质量标准物中各个蛋白质分子区带的迁移率和其分子质量的对数值，标记点位，作标准曲线图。

4. 确定待测蛋白质的表观分子质量

根据各个待测分子质量蛋白质区带的电泳迁移率，分别从标准曲线图上求出其相应的分子质量对数值，再将对数值经过反对数处理换算为相应的分子质量值。

通过 SDS- 聚丙烯酰胺凝胶电泳确定的蛋白质分子质量一般称为表观分子质量，就是看上去近似的分子质量。这是因为许多蛋白质，尤其是真核生物的蛋白质在体内合成后会出现一些化学修饰，如肽链的剪切、蛋白分子的磷酸化、糖基化、酰化等，从而改变了蛋白质分子的迁移率，使根据 SDS- 聚丙烯酰胺凝胶电泳确定的蛋白质分子质量与其原来应有的蛋白质多肽的分子质量发生了较大的改变，因而称其为表观分子质量。

【注意事项】

1．选用适合的聚丙烯酰胺凝胶的胶浓度。最常用的聚丙烯酰胺凝胶的胶浓度是 10%，适合于分离分析分子质量范围在 16～70 kDa 之间的蛋白质分子；5% 浓度的聚丙烯酰胺凝胶适合于分离分析分子质量范围在 60～200 kDa 之间的蛋白质分子；15% 的胶适合于分离分析分子质量范围为 12～45 kDa 的蛋白质分子。有时为了在各个分子质量范围同时获得良好的蛋白质分离分析效果，可以采用连续的浓度梯度聚丙烯酰胺凝胶。

2．聚丙烯酰胺凝胶胶液的配制量一般可以根据胶的大小和数量，成比例缩小或者扩大取量。

3．一般聚丙烯酰胺凝胶的聚合现象应该在加入 TEMED 后的 15 min 内出现，凝胶的使用应该在凝胶出现聚合现象后的 1 h 以后，否则聚丙烯酰胺凝胶对蛋白质的分离分辨效果会降低。聚丙烯酰胺凝胶聚合过慢的原因有胶液陈旧、漏加成分、室温过低等，需要注意预防解决。

4．聚丙烯酰胺凝胶未聚合之前发生胶液泄漏是学生实验中的常见问题，一旦发生必须重做，既延长实验时间又浪费试剂，而且未聚合的丙烯酰胺具有神经毒作用，可以通过消化道和皮肤被吸收，需要防止其与皮肤的直接接触。胶液泄漏的原因可能是三条垫条厚度不一致，玻板不平整或者不干净，夹子未夹在垫条位置等。一般情况下，可以通过事先在垫条上涂抹一定量的凡士林来防止胶液的泄漏。

5．进行蛋白质的电泳分析时，一般除了各个实验样品和对照外，还必须使用蛋白质分子质量标准物。蛋白质分子质量标准物可以从生物试剂公司购到，一般各个公司都提供多种类型的蛋白质分子质量标准物，可以根据待分离分析的蛋白质分子质量大小来选用。现在许多公司还能提供预染蛋白质分子质量标准物（prestained protein molecular weight standard）和生物素标记的蛋白质分子质量标准物，这种两类蛋白质分子质量标准物特别适合于蛋白质印迹分析。

（狄　勇）

实验20　血红蛋白的等电聚焦分离及其等电点测定

【实验目的】

1. 能够阐述等电聚焦技术用于分离、纯化鉴定蛋白质的原理。

2. 能够完成等电聚焦技术以及蛋白质等电点的测定方法。

【实验原理】

等电聚焦（isoelectric focusing，IEF）电泳技术建立于20世纪60年代，目前其对蛋白质等电点（isoelectric point，pI）的确定可以精确至0.001 pH单位，被广泛应用于蛋白质的分离纯化、鉴定、等电点的测定、蛋白质修饰等方面的研究。

蛋白质是两性电解质，当pH>pI时带负电荷，在电场作用下向正极移动；当pH<pI时带正电荷，在电场作用下向负极移动；当pH=pI时净电荷为零，在电场作用下既不向正极也不向负极移动，此时的pH就是该蛋白质的等电点（pI）。各种蛋白质由不同种类的氨基酸以不同的比例组成，因而有不同的pI，这是其固有的物理化学常数。

在等电聚焦电泳中，利用各种蛋白质pI不同，向凝胶中加入大量的、等电点各不相同的小分子载体两性电解质。在电场作用下，这些载体两性电解质向其所带电荷相反的电极泳动，直到各自的等电点位置才停止。于是在凝胶中形成一个从高到低的pH梯度。蛋白质在偏离其等电点的pH环境中带相应电荷，在电场作用下可向其所带电荷相反的电极泳动，当蛋白质迁移到与其等电点相当的pH位置，其所带电荷数为零，不再移动而被浓缩成狭窄的区带。由此，等电聚焦电泳可基于蛋白质pI的差别分离蛋白质，并用于蛋白质的纯化、等电点确定以及蛋白质的鉴定。随着技术的不断改进，等电聚焦电泳也不断充实完善，从柱电泳发展到垂直板，又进而发展到超薄型水平板等，还可与其他技术或SDS-PAGE结合，进一步提高电泳检测、分离蛋白质的灵敏度与分辨率。

【实验器材与试剂】

1. 实验器材

等电聚焦电泳装置（包括电泳玻璃管、稳流稳压电源）、移液器、封口膜（parafilm）、玻璃长滴管、50 mL玻璃烧杯、TB注射器、刻度尺、刀片、坐标纸、多孔反应板、pH计、微波炉、1.5 mL离心管。

2. 试剂

（1）40%载体两性电解质（ampholine，pH 3～10）。

（2）40%丙烯酰胺胶液、Bradford试剂、10%过硫酸铵（新鲜配制）、Sephadex G-25、TEMED、0.9%NaCl、10%三氯乙酸（*W*/*V*，新鲜配制）、0.01 mol/L磷酸、0.02 mol/L NaOH（新鲜配制）。

（3）脱色液：冰醋酸/甲醇/蒸馏水（1∶4.5∶5，*V*/*V*/*V*）。

（4）考马斯亮蓝 R-250 染色液。

【实验步骤】

1. 等电聚焦凝胶制备

取电泳用玻璃管 2 支，用 1.5 cm×1.5 cm 封口膜封堵玻璃管下端，并将其垂直放置备用。取 50 mL 玻璃烧杯一只，按表 20-1 所示，加入下列成分：

表 20-1 等电聚焦凝胶制备

加入物	加入量
尿素	4.2 g
40% 丙烯酰胺胶液	1.25 mL
40% 载体两性电解质	0.625 mL
蒸馏水	5.0 mL
10% 过硫酸铵	0.1 mL

轻摇混匀，将烧杯置入干燥器中，抽负压排气。

取出烧杯，加入 5 μL TEMED，混匀，立即用玻璃长吸管吸取凝胶液，垂直插入以上准备好的玻璃管底部，慢慢加入凝胶液，同时徐徐提升吸管，将凝胶液灌至离管口 2 cm 处即可（在加入凝胶液的整个过程中，要避免在管中留下气泡），接着用 TB 注射器在凝胶液表面轻轻加一层蒸馏水覆盖胶面，3～5 mm 厚（加蒸馏水是为了使凝胶聚合后的表面平整，并能使凝胶与空气隔绝。这一步很重要，它将直接影响分辨率与带形），室温静置，观察凝胶聚合情况（至少 1 h）。凝胶聚合时，在水和胶的交界处出现一条清晰的折光线，这时继续聚合 30 min 左右即可。

2. 血红蛋白液制备

取草酸盐抗凝全血 0.2 mL，4000 r/min 离心 3 min，吸弃上层血浆，加入 5 倍体积的预冷生理盐水，混匀后 4000 r/min 离心 3 min，弃去上清液，重复洗 2 次。最后一次弃上清液后，在红细胞上加等体积蒸馏水，振摇。再加 1/4 体积 CCl_4，用力振摇 3 min，4000 r/min 离心 3 min。吸取上层澄清的血红蛋白液备用。此溶液中 Hb 浓度约为 10%（置 4 ℃暂存，一周用完）。

3. 脱盐

（1）脱盐柱的准备：称取 5 g Sephadex G-25，加入蒸馏水 100 mL，搅拌均匀，置室温溶胀 6 h，或沸水浴溶胀 2 h，一般采用后一种方法（沸水浴溶胀不但节省时间，还可以杀灭凝胶中污染的细菌并排出网眼中气体）。用倾泻法除去上层漂浮的细碎 Sephadex G-25，重复 2～3 次。操作中避免剧烈搅拌，防止破坏其交联结构。取 3 mL 亲和层析柱空柱，将随空柱配备的过滤膜水平置入柱子底部，垂直放置好。先加入 1/3 柱体积蒸馏水，接着将溶胀好的 Sephadex G-25 边搅匀边连续装入柱内，同时打开柱子下口慢速流出蒸馏水，使 Sephadex G-25 在柱内自然沉降达 2.0 mL 体积即可。柱内 Sephadex G-25 必须均匀，不能有气泡或明显条纹，否则必须倒出重装。装好后，用蒸馏水平衡 2～3 h 即可加入样品进行分离。

（2）血红蛋白溶液脱盐：取脱盐柱一支，垂直放置。准备 4 支 1.5 mL 离心管，分别标记为 1 至 4 号。

将 1 号管置于脱盐柱下端，向柱内加入 0.5 mL 血红蛋白溶液，待其全部进入柱后，移开 1 号管，将 2 号管置于脱盐柱下端，向柱内加入 0.5 mL 蒸馏水，待全部蒸馏水进入柱后，移开 2 号管，将 3 号管置于脱盐柱下端，同上操作至 4 号管。

从以上 4 管中，每管取出 20 μL，顺序加入多孔板中，向各孔中加入 200 μL Bradford 试剂，取呈蓝色的管作为"蛋白样品"管。

4. 等电聚焦电泳样品的制备

取 1.5 mL 离心管 1 支，加入脱盐的"蛋白样品" 380 μL，再加入 20 μL 40% 的载体两性电解质，混匀即可。

5. 电泳

向下槽加入 0.01 mol/L 的磷酸。去除玻璃管底部的封口胶，同时用滤纸轻轻吸去上端的蒸馏水，然后插入电泳槽孔，下端浸入 0.01 mol/L 的磷酸电泳液中，用 TB 注射器驱除玻璃管底部的气泡。上槽加入 0.02 mol/L 的 NaOH，浸没玻璃管上端，同样用注射器驱除玻璃管中的气泡。用微量移液器向各管加入"等电聚焦电泳样品" 20 μL（缓缓注入，避免产生气泡、避免与电极液混合）；上槽接负极，下槽接正极，设定为恒电流，每管 1 mA，通电电泳。电泳至电压升至 400 V 后，改设定为衡电压 400 V，继续电泳 2～16 h。

6. pH 梯度的确定

电泳完毕，断开电源，取出玻璃管；弃除底部封口膜，将 TB 注射器吸满蒸馏水，配上穿刺针头，紧贴管壁，插入凝胶管内，缓缓推动注射器，使胶条脱出玻璃管，将其放置玻璃板上，测量其总长度，精确到毫米。准备 25 支 15 mm×150 mm 的玻璃试管，依次编号后各加入新鲜煮沸过的蒸馏水 5 mL。用刀片将胶条从酸性端开始顺序切为 0.5 cm 长的小段，依次放入以上准备好的试管中，将试管置于微波炉中加热 1 min，取出冷却至室温，从酸性端（1 号管）开始，逐一测定每管液体的 pH，并记录。

7. 染色

用同样方法使另一支玻璃管中的胶条脱出，移入平皿中，向其中加入 20 mL 10% 三氯乙酸，固定 1 h 以上。弃除三氯乙酸固定液，加入考马斯亮蓝 R-250 染色液进行染色。染色液所需量按单支凝胶灌制所需量，分别为 5∶1 的比例加入。染色 1 h，弃除染色液，加入适量脱色液，使凝胶条浸泡其中，30 min 后更换，连换 2 次，第三次放置室温过夜。脱色至背景无色透明，可用密度扫描仪对各区带进行定量扫描。

【实验结果】

绘制 pH 梯度图、确定等电聚焦电泳样品中主要蛋白的等电点：以胶条长度为横坐标、各管的 pH 为纵坐标，制作 pH 梯度图。测量染色胶条中主要蛋白质的位置，从 pH 梯度图上找出相应的等电点。

【注意事项】

1. 所有试剂配制用水均为重蒸馏水。
2. 波浪形条带的出现，常常是由于样品中盐浓度过高。
3. 蛋白质条带丢失或过淡，可能是由于蛋白质分子质量过低（＜10 kDa）或蛋白质在固定中未被变性，增加三氯乙酸浓度即可。

【思考题】

1. 聚丙烯酰胺凝胶等电聚焦电泳法测定蛋白质等电点的原理是什么？

2. 聚丙烯酰胺凝胶等电聚焦电泳法测定蛋白质等电点操作时应注意的问题主要有哪些?

附：双向电泳（two-dimensional gel electrophoresis，2-DE）

双向凝胶电泳又常被称为二维凝胶电泳，第一向是以蛋白质电荷差异为分离机理的等电聚焦（载体两性电解质 pH 梯度或固相 pH 梯度）电泳，第二向是以蛋白质分子质量差异为分离机理的 SDS-PAGE（见图 20-1）。样品分别经过电荷和质量的两次分离后，分离的结果不是条带，而是蛋白质斑点，从左到右是 pI 的增加，从上到下是表观分子质量的减小。由于经过两次分离（等电点分离和分子质量大小分离），它的分辨率极高，可达 3000 点以上，是蛋白质组研究的主要技术平台之一。这是目前所有蛋白质电泳技术中分辨率最高，获取某一样品内蛋白质信息最多的技术。

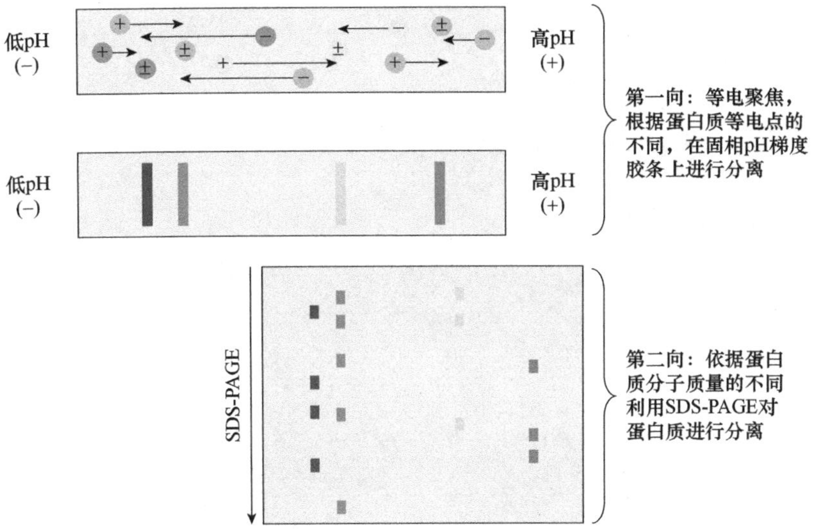

图 20-1 双向电泳基本原理示意图

蛋白质组研究是近来兴起的生命科学的前沿领域，是生命科学进入后基因组时代的标志之一。蛋白质组是指某种细胞或组织中基因组表达的所有蛋白质。虽然基因组 DNA 序列可预测蛋白质序列，但它不能回答某基因的表达时间、表达量、蛋白质翻译后加工修饰及其亚细胞分布，等等。一般情况下，基因组中基因的表达类型与表达程度均受到生存环境及内在状态变化的影响而有较大差异。由于某些因素的限制，如在 mRNA 的转录后拼接、蛋白质的翻译后修饰等过程，mRNA 浓度并不能完全反映出蛋白质浓度。因此，基因表达和蛋白质表达并不完全一致。蛋白质组的研究，实质上就是在细胞水平上对数千种蛋白质进行大规模的分离和分析。它要求有很高的灵敏度、精确度和分辨率，目前蛋白质组研究采用的主要技术是双向凝胶电泳和质谱方法。常规电泳技术和其他生物实验技术虽然是蛋白质分析的有用工具，但因受许多因素的限制，实验过程中会导致一些蛋白质的丢失，从而不能满足蛋白质组分析的要求。如传统的单向电泳最多只能同时分析含有几十种蛋白质的混合样品，不能满足对细胞中数千种蛋白质混合样品同时进行分析的要求。双向电泳采用两种不同原理的电泳程序相结合，将分辨率提高几个数量级，是蛋白质组的研究和肿瘤抗原筛选的技术路线之一。并且，通过电泳图谱比较，可在凝胶上初步判断某些蛋白质是否被修饰。

（狄　勇）

实验 21　小鼠肝细胞核的分离、纯化与鉴定

【实验目的】

1. 能够阐述细胞和细胞器分离的一般原理和意义。

2. 能够完成肝细胞核分离的技术。

3. 能够解释细胞器纯度鉴定的标准。

【实验原理】

细胞核作为一个功能单位，完整地保存遗传物质，并指导 RNA 合成，进而表达出相应的蛋白，在一定程度上细胞核控制着细胞的代谢、生长、分化和繁殖活动。因此细胞核的分离是研究基因表达及细胞核形态结构的首要步骤。不同的细胞和细胞器大小不一，导致重量不同，不同的细胞和细胞器由于所含成分的差异，又导致密度的不同。因而，细胞和细胞器可以通过差速离心和密度离心的方法进行分离纯化。由于细胞核的密度较大，在高密度介质中，在高速离心条件下会先行沉降下来，从而达到与细胞质其他成分分开的目的。本实验中细胞核纯度的鉴定，使用光学显微镜进行形态观察和生物化学方法进行乳酸脱氢酶（LDH）活性的测定。该酶活性在纯细胞核制品中检查不出来。

【实验器材与试剂】

1. 实验仪器

冷冻离心机、离心管、天平、普通光学显微镜、载玻片、盖玻片、匀浆器（10 mL 玻璃匀浆器）、玻璃平皿、剪刀、100 目滤网（或者尼龙纱布）、分光光度计、比色杯。

2. 试剂

（1）MA 液：0.25 mol/L 蔗糖，0.01 mol/L Tris-HCl pH 8.0，3 mmol/L $MgCl_2$，0.1 mmol/L 苯甲基磺酰氟（临用前加入），预冷。

（2）MB 液：0.25 mol/L 蔗糖，0.01 mol/L Tris-HCl pH 8.0，3 mmol/L $MgCl_2$，0.1 mmol/L 苯甲基磺酰氟（临用前加入），0.1%Triton X 100，预冷。

（3）MC 液：2.0 mol/L 蔗糖，0.01 mol/L Tris-HCl pH 8.0，3 mmol/L $MgCl_2$，预冷。

（4）Bradford 试剂（见附录二）。

（5）标准蛋白溶液：先称取小牛血清清蛋白干粉，按大约 20 mg/mL 的浓度溶入 0.15 mol/L NaCl 中，取一定量用 0.15 mol/L NaCl 稀释 20 倍后，以 0.15 mol/L NaCl 为空白对照，测定该溶液在 280 nm 的 A 值，再根据小牛血清清蛋白的标准消光系数（0.667 A = 1000 μg/mL），换算出溶液中小牛血清清蛋白的蛋白质实际浓度，最后将原小牛血清清蛋白溶液稀释为 10 mg/mL，分装后冻存备用。

（6）LDH 测定试剂盒。

【实验步骤】

1. 分离肝脏细胞

小鼠断头处死，取出肝脏称重，加入5倍体积（1 g肝脏加5 mL）的MA液；剪碎肝脏，转移入玻璃匀浆器，冰浴中上下匀浆十次左右，至无明显组织块；于4 ℃，1000 *g*离心10 min，去上清；用5体积的MA液悬浮沉淀细胞，经100目滤网或者双层尼龙纱布过滤；取50 μL细胞悬液，加250 μL台盼蓝细胞染液混合，显微镜下观察细胞的纯净程度；滤液于1000 *g*再次离心10 min，弃上清，留沉淀细胞。

2. 肝细胞核分离

用7倍体积的MB液混悬细胞沉淀，冰浴中静置10～15 min；10 min时取50 μL细胞悬液，加250 μL台盼蓝细胞染液混合，显微镜下观察细胞是否已经全部破裂（与步骤1的取样比较）；另取0.5 mL细胞悬液移入一只1.5 mL离心管（标为细胞），−20 ℃保存；将其余悬液1000 *g*离心10 min，去上清，沉淀即为粗提的肝细胞核。

3. 肝细胞核的纯化

用两倍体积的MC液混悬粗提的肝细胞核，取50 μL细胞悬液，加250 μL台盼蓝细胞染液混合，显微镜下观察细胞核；取出150 μL移入一只1.5 mL离心管（标为粗核），−20 ℃保存；向上述标有粗核的离心管中加入相同体积的MC液，并将MC液混悬粗提的肝细胞核，18 000 r/min离心1 h；用吸管去除上清，再用面巾纸擦净管壁，加入少量MA洗沉淀表面两遍，加两倍体积的MA液悬浮细胞核，1000 *g*离心10 min，去上清，沉淀为纯化的细胞核；再用两倍的MA液混悬细胞核，取50 μL细胞悬液，加250 μL台盼蓝细胞染液混合，显微镜下观察细胞核；其余的转移入离心管（标记为纯核），−20 ℃保存。

4. 蛋白浓度测定

取8支玻璃试管，按表21-1加入各种试剂。

表21-1　Bradford法测定蛋白浓度

试剂	1	2	3	4	5	细胞	粗核	纯核	空白
标准蛋白溶液（μL）	10	20	30	40	50	—	—	—	—
样品（μL）	—	—	—	—	—	*x*	*y*	*z*	—
0.15 mol/L NaCl（μL）	290	280	270	260	250	300-*x*	300-*y*	300-*z*	300

向每支试管中加入Bradford试剂3 mL，立即混匀，放置10 min后，于分光光度计上，595 nm比色测定*A*值；以*A*值为纵坐标，标准蛋白质浓度为横坐标作图，再求出样品中蛋白质的浓度。将余留样品用MA液调整蛋白质浓度为100 μg/ mL。

5. 细胞和细胞核样品LDH酶活性测定

取8支玻璃试管，分别标记为1至8号管，然后按表21-2加入试剂：

表21-2　细胞和细胞核样品LDH酶活性测定

试剂	1 标准管	2 标准空白	3 细胞管	4 细胞空白	5 粗核管	6 粗核空白	7 纯核管	8 纯核空白
蒸馏水（mL）	0.13	0.15	—	0.05	—	0.05	—	0.05

续表

试剂	1 标准管	2 标准空白	3 细胞管	4 细胞空白	5 粗核管	6 粗核空白	7 纯核管	8 纯核空白
标准丙酮酸（mL）	0.02	—	—	—	—	—	—	—
样品（mL）	—	—	0.10	0.10	0.10	0.10	0.10	0.10
基质缓冲液（mL）	0.25	0.25	0.25	0.25	0.25	0.25	0.25	0.25
辅酶 I 溶液（mL）	—	—	0.05	—	0.05	—	0.05	—
混匀，37 ℃水浴保温 15 min								
2.4- 二硝基苯肼（mL）	0.25	0.25	0.25	0.25	0.25	0.25	0.25	0.25
混匀，37 ℃水浴保温 15 min								
0.4 mol/LNaOH（mL）	2.5	2.5	2.5	2.5	2.5	2.5	2.5	2.5

混匀，室温静置 3 min；以蒸馏水为空白，于 440 nm、1 cm 光径，测定各管的吸光度。

【实验结果】

按下列公式计算出各个样品中 LDH 酶活性：

$$\text{LDH 活性}=\frac{（\text{测定管 A}-\text{测定空白管 A}）}{（\text{标准管 A}-\text{标准空白管 A}）}\times \text{标准管浓度 / 蛋白浓度}（2\mu\text{mol/mL}）$$

【注意事项】

1．分离全过程最好能在 0～4 ℃进行，如果使用非冷冻控温的离心机应注意使样品保持冷冻。

2．尽可能充分破碎组织，缩短匀浆时间；整个分离过程不宜过长。

3．注意掌握离心的时间及速度。

【思考题】

1．要获得高纯化的细胞核，在提取、分离和活性鉴定的过程中应注意哪些问题？

2．检测纯化产物的 LDH 活性有何意义？

3．分析影响细胞核提取的主要因素。

（唐　璟）

实验 22　醋酸纤维薄膜电泳技术分离乳酸脱氢酶同工酶

【实验目的】

1. 能够阐述等电聚焦电泳技术的基本原理。

2. 能够解释乳酸脱氢酶的同工酶谱分析的意义。

【实验原理】

乳酸脱氢酶（lactate dehydrogenase，LDH）是糖无氧分解中催化乳酸和丙酮酸相互转变的酶。存在于微生物、植物、动物和人体所有组织细胞中，其结构为四聚体，由两种亚基构成，即骨骼肌型（M 型）和心肌型（H 型），同时它又是同工酶，具有五种形式，分别为 LDH_1（H_4）、LDH_2（H_3M）、LDH_3（H_2M_2）、LDH_4（HM_3）及 LDH_5（M_4）。LDH 为细胞内酶，其同工酶的分布有明显的组织特异性，人心肌、肾和红细胞中以 LDH_1 和 LDH_2 最多，骨骼肌和肝中以 LDH_4 和 LDH_5 最多，而肺、脾、胰、甲状腺、肾上腺和淋巴结等组织中以 LDH_3 最多。所以可以根据其组织特异性来协助诊断相关疾病。

通常 LDH 同工酶分析可用醋酸纤维薄膜、聚丙烯酰胺凝胶、琼脂糖凝胶等作为支持物，通过电泳法将其分离出 5 种区带，根据其电泳迁移率的快慢，依次命名为 LDH_1、LDH_2、LDH_3、LDH_4、LDH_5。

本实验根据 LDH 的同工酶在电场中泳动迁移率的不同，以醋酸纤维薄膜作为支持物，在碱性的 pH 缓冲液中将其分离，电泳结束后，利用组织化学染色法，即将底物（乳酸、NAD^+）、中间受氢体甲基吩嗪甲硫酸盐（menthylphenazine menthylsulfate，PMS）、最终受氢体氧化型四氮唑蓝（nitroblue tetrazolium，NBT）一起保温，在 LDH 处可产生催化反应，最终生成紫蓝色的条带。通过区带扫描，可测定 LDH 各种同工酶的所占的比例。

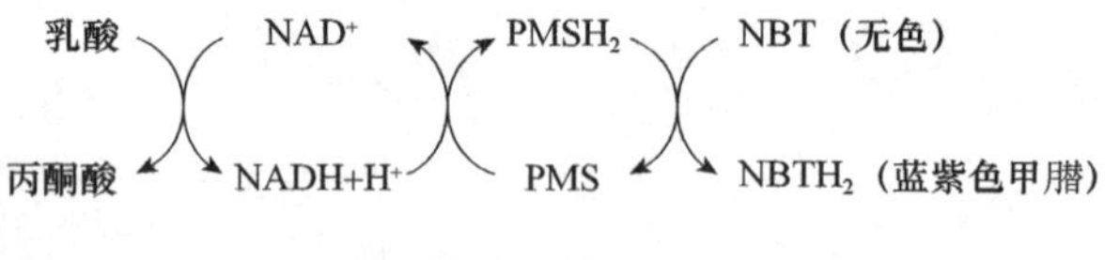

【实验器材与试剂】

1. 实验器材

电泳仪及电泳槽、离心机、酒精棉球及穿刺针、小试管、点样工具、染色用培养皿、醋酸纤维素膜及吸水滤纸。

2. 试剂

（1）0.9%NaCl 溶液；3% 乙酸溶液（漂洗液）；巴比妥缓冲液（pH 8.6）（参见附录二）。

（2）0.5 mol/L 乳酸钠 4 mL；0.4%NBT 12 mL；0.1%PMS 4 mL 及 NAD^+ 40 mg，临

用前混匀（避光）。

（3）电泳缓冲液：巴比妥缓冲液（pH 8.6），称取巴比妥钠 15.5 g，量取 1 mol/L HCl 溶液 12 mL，加蒸馏水至 1000 mL。

【实验步骤】

1. 血清制备

取血液，静置或离心沉降血细胞后获得淡黄色血清。

2. 点样

预先将 2.5 cm×7.0 cm 的醋酸纤维素薄膜条浸泡于 pH 8.6 的巴比妥缓冲液中，使之充分浸透（约 10 min），然后用滤纸轻压，吸去多余的缓冲液。用点样器在盛有血清的容器中蘸一下，使点样器的下端蘸上薄层血清，然后在醋酸纤维素薄膜条的无光泽面上、距离膜端 1.5 cm 处，将点样器紧按在膜条点样线上。

3. 电泳

将点样后的膜条点样面朝下，点样端置于阴极，平放在电泳槽的纱布桥（或滤纸桥）。平衡 5 min 后通电，电压为：10 V/cm（120～160 V），电流为：1.2～1.5 mA，电泳时间为 60～90 min。

4. 染色

在电泳完成前 15 min 配制染色剂：0.5 mol/L 乳酸钠 4 mL；0.4%NBT 12 mL；0.1%PMS 4 mL 及 NAD^+ 40 mg，混匀（避光）。将另一条薄膜浸透染液后，移到一清洁玻片上（无光泽面朝上），断电，立即将电泳膜条取下，小心地迅速将无光泽面覆盖在染条上（避免起泡，勿移动），加压另一块玻璃片。将上述两块玻片置于平皿内，加盖，于 37 ℃水浴箱中保温 30 min，即可显出红色（或紫蓝色）区带 3～5 条 LDH 同工酶。

5. 定量

10% 乙酸将两条薄膜漂洗 3 次，晾干后作薄层扫描（灰度值分析定量）或剪下区带浸入浸出液 2 mL 中，于 560 nm 处比色，求得相对含量。各部分吸光度之和：$T=L_1+L_2+L_3+L_4+L_5$，则 $LDH_1\%=L_1/T_{100}$，以此类推计算各条带所占比例。

【实验结果】

在胶条中会显示五条区带，从正极端开始依次为 LDH_1、LDH_2、LDH_3、LDH_4 和 LDH_5。

【参考范围】

正常成人血清 LDH 参考范围：100～300 U/L。

聚丙烯酰胺法：$LDH_1$26.9%±0.4%；$LDH_2$36.0%±0.5%；$LDH_3$21.9%±0.4%；$LDH_4$11.1%±0.4%；$LDH_5$4.1%±0.3%。

醋酸纤维素薄膜法：$LDH_1$24%±3.4%；$LDH_2$35%±4.4%；$LDH_3$19%±27%；$LDH_4$0±0.05%；$LDH_5$0±0.02%。

健康成人血清 LDH 同工酶含量：$LDH_2>LDH_1>LDH_3>LDH_4>LDH_5$。

【临床意义】

由于 LDH 同工酶谱在组织器官分布的特异性，测定血清或血浆中 LDH 活性和 LDH 同工酶谱的变化，可反映相应组织器官的受损程度。在肝实质病变和骨骼肌疾病，如病毒性肝炎、肝硬化、原发性肝癌、肌萎缩时，LDH_5 活性明显升高；在心肌梗死 6 h LDH_1

开始出现升高，24～48 h 达到高峰，LDH_1＞LDH_2。因此，测定 LDH 的活性和 LDH 同工酶谱的变化，对相关疾病具有协助诊断和判断预后的参考价值。

【注意事项】

1. 染色膜与电泳薄膜覆盖时不应起泡，否则起泡处将看不到蓝紫色化合物。
2. 覆盖电泳薄膜时一次完成，一旦覆盖上后勿移动膜条，避免出现多余条带。

【思考题】

血清 LDH 同工酶谱分析的临床意义。

（狄　勇，李树德）

实验 23　糖的硅胶 G 薄层层析分析鉴定

【实验目的】

1．能够阐述小分子有机化合物的硅胶薄层层析分析的原理和基本方法。

2．能够完成小分子有机化合物显示技术。

【实验原理】

薄层层析（thin layer chromatography，TLC）是有机化学和生物化学的常用技术，多用于对小分子有机化合物进行分析，在生物化学中也用于大分子与小分子有机化合物的分离分析，具有微量、快捷、设备简单、费用低等优点，应用广泛。

薄层层析是将吸附剂或者支持剂均匀地平涂于玻璃板或者涤纶片基上，形成一个薄层作为固定相；再将待分析样品点加于吸附剂或者支持剂薄层上，选用对待分析物质合适的溶剂作为流动相，当流动相沿薄层移动时，带动待分析物质移动，不同的待分析物质分子结构有差异，特性不同，在固定相和流动相之间的分配率不同，导致不同的待分析物质分子的移动快慢有差异，从而得到分离。当层析分离完成后，可以选用适当的显示、检测方法对待分析物质进行定性、定量分析。

薄层层析结果的显示可以根据不同情况选用。

如果待分析物是放射性同位素标记，可以采用放射自显影技术显示，如果需要进一步的定量分析，还可以将显示斑点位置的物质取下，进行液体闪烁计数技术进行定量分析。

特异呈色显示是最为常用的薄层层析分析显示方法。特异呈色显示，该法采用可以与待分析物特异结合或者产生特异化学呈色反应的方法进行显示。本实验采用能够与糖发生特异呈色反应的苯胺 - 二苯胺 - 磷酸显示剂，对果汁、牛奶中糖进行检测分析。

如果待分析物尚无可用的特异呈色显示方法，可以选用荧光背景显示方法或者腐蚀碳化方法对待分析物进行检测分析。荧光背景显示方法的原理是在层析板的吸附剂或者支持剂中加有荧光物质，在层析完成后，用适当波长的光照射层析板，在无待分析物的位置有荧光，在有待分析物的位置荧光减弱，出现阴影。腐蚀碳化方法用于无机物为吸附剂或者支持剂时，使用硫酸等腐蚀剂，使待分析的有机物碳化，形成黑斑。

薄层层析原理与纸层析、柱层析相似，相比之下具有下列优点。

（1）观察结果、显示方便：可以采用荧光背景显示，支持物为无机物时，还可以采用腐蚀性显示剂进行显示。

（2）层析用时少。

（3）微量：可以分离显示低达 0.1 mg 至数十微克的样品，比纸层析灵敏度高 10～100 倍。如果铺层厚，也可以进行数百毫克样品的分离纯化。

本实验采用的硅胶 G 薄层层析对果汁和牛奶中的糖进行分析。小分子糖在硅胶 G 薄层上层析时其移动快慢与糖的分子质量和羟基数目有关，分子质量小和羟基数多的移动快。各种糖的移动速度从高到低顺序为：戊糖、己糖、双糖、三糖。层析完毕，用苯胺 - 二苯胺 - 磷酸显示剂进行糖的特异显示，不同的糖呈现不同的颜色（参见表 23-1），结合各种糖的迁移率和颜色特征，可以对样品中所含糖进行检测、鉴定。

表 23-1　糖的苯胺 - 二苯胺 - 磷酸显示颜色

糖	葡萄糖	果糖	蔗糖	乳糖	蜜三糖
呈色	灰蓝绿	棕红	蓝褐	天蓝	蓝褐

【实验器材与试剂】

1. 实验器材

硅胶 G 薄层层析板（20 cm×20 cm）、1.5 mL 离心管、移液器及吸头（点样用）、锥形头匀浆棒、铅笔（硬度：B）、直尺（长 20 cm 以上）、层析缸或者可密封塑料盒、喷雾器、口罩、通风橱、烤箱。

2. 试剂

（1）0.5% 葡萄糖、0.5% 核糖、0.5% 果糖、1% 蔗糖、1% 乳糖，用 50% 乙醇配制。

（2）混合糖液 1：0.5% 核糖 -0.5% 果糖 -1% 蔗糖，用 50% 乙醇配制。

（3）混合糖液 2：0.5% 葡萄糖 -1% 乳糖 -1.5% 蜜三糖，用 50% 乙醇配制。

（4）展开剂：乙酸乙酯 600 mL，甲醇 150 mL，乙酸 150 mL，蒸馏水 100 mL，总体积 1000 mL；或氯仿 / 甲醇（60 ∶ 40，*V* / *V*）。

（5）苯胺 - 二苯胺 - 磷酸显示剂：1 g 二苯胺，1 mL 苯胺，5 mL 磷酸溶于 50 mL 丙酮。

（6）未知糖样品：果汁、鲜牛奶；20% 三氯乙酸。

【实验步骤】

1. 样品制备

取一块适当大小的水果放入一支 1.5 mL 离心管，用配套的锥形匀浆棒研磨水果组织，压榨出果汁。取 200 μL 牛奶移入另一支 1.5 mL 离心管，再加入 100 μL 的 20% 三氯乙酸，充分混合后作为处理牛奶样品。离心处理样品，10 000 r/min，3 min，取上清备用。

2. 点样

取一块硅胶 G 薄层层析板，将吸附剂面向上平放在台面上。用铅笔在距离层析板下端 1.5 cm 处划一平行线（浅浅画线，不要划破硅胶层）；从平行线中位标记起点，再向两端每隔 1.6 cm 在线上标记一个点。用移液器逐一吸取各种已知糖液或样品 1.5 μL，使吸头垂直于层析板，定位于划线点位上方约 0.5 mm 处吹出液体点样于层析板上。点样顺序：蔗糖、果糖、核糖、混合糖液 1、果汁、牛奶、处理牛奶、混合糖液 2、葡萄糖、乳糖、蜜三糖。

3. 展层

向层析缸中加入展开剂，展开剂深度约 1 cm；待展开剂液面平静后，将层析板的点样端向下，平行插入展开剂中，立于层析缸中，密闭层析缸。静置 2 h 左右，待展开剂前沿上升至距离层析板上端 0.5～1 cm 处，取出层析板，立即标记展开剂前沿的位置。层析板吸附剂面向上平放在台面上，空气中晾至展开剂挥发干净。

4. 显色

佩戴口罩，将层析板斜立于通风橱中，用喷雾器将苯胺 - 二苯胺 - 磷酸显示剂均匀地喷在层析板上，至层析板均匀湿润但无液体流淌。层析板吸附剂面向上平放在台面上，待层析板干燥后，平置入 85 ℃烤箱内加热，一般 15～30 min 后色斑即会呈现。

【实验结果】

1．测量各种糖的迁移距离：用直尺测量点样原点至各个色斑中心的距离（精确至毫米）进行记录，同时记录各个色斑的颜色。

2．计算记录各个色斑的迁移率（R_f）:

$$色斑的迁移率=\frac{色斑迁移距离}{葡萄糖色斑迁移距离}$$

3．确定果汁和牛奶样品所含糖的种类：根据样品层析产生的色斑颜色和迁移率，对照已知糖产生色斑的颜色和迁移率，判断样品中所含糖的种类。

【注意事项】

1．层析的展层过程必须保持层析缸密闭，否则展开剂挥发，停止迁移，导致层析终止，色斑叠压，无法获得待分析物正确的迁移数值。

2．显示剂中含有致癌物质和腐蚀剂，因而进行相应的操作必须在通风橱中或者通风良好的地方进行，并且必须佩戴口罩避免有害气体的吸入。

【思考题】

1．什么是有机化合物？一般生物体内都会存在哪些类型的小分子有机化合物？

2．据你的生物化学知识，绝大多数生物体内都应该存在的糖有哪些？为什么？

3．本实验的待测样品是果汁和牛奶，层析后的糖是否可以用荧光背景显示方法或者腐蚀碳化方法进行检测？为什么？

4．经过层析显示，处理牛奶和牛奶原液样品的色斑分布有什么差别？试解释产生这种差别的成因。

（狄　勇）

实验 24　pThioHis（A）-*G6PD* 重组表达质粒的鉴定

【实验目的】

1．能够阐述重组表达质粒鉴定的原理和方法。

2．能够说出真核表达系统选择的原则。

3．能够再现 pThioHis（A）-*G6PD* 的构建过程。

【实验原理】

据 pThioHis 质粒的物理图谱（图 24-1）和 pThioHis（A）-*G6PD* 重组质粒的构建过程（图 24-2），第一，从表达菌株 DF213 中提取质粒 DNA。第二，选用 *Nde* Ⅰ和 *Xho* Ⅰ酶切质粒 DNA，琼脂糖电泳分离酶切产物，观察是否有目的片段人 *G6PD* 基因的 cDNA（1640 bp）；也可经 PCR 从质粒 DNA 扩增 *G6PD* 基因的 cDNA，再经琼脂糖电泳确定目的条带。第三，回收琼脂糖胶中的目的片段，经纯化后测序；或者纯化 PCR 产物后测序。实验中以 pThioHis 质粒作为阴性对照，必须确认克隆基因的序列后再进行后续的诱导表达及表达蛋白分析。

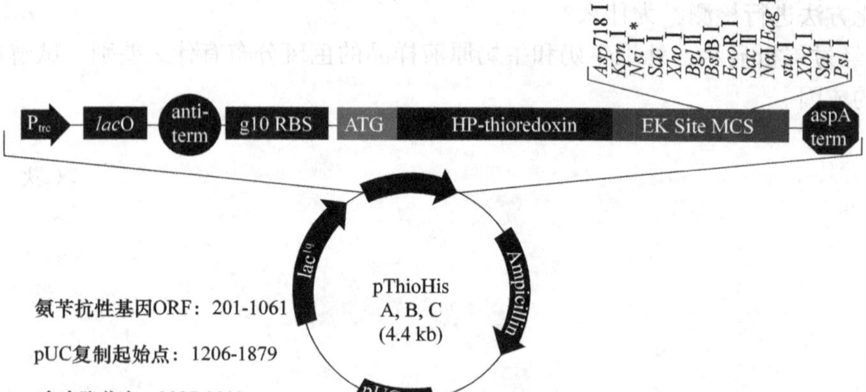

图 24-1　pThioHis 质粒的物理图谱

【实验器材与试剂】

1．实验器材

台式高速离心机（16 000 r/min）、PCR 仪、紫外检测仪、电泳仪、恒温水浴箱、37 ℃恒温摇床、水平电泳槽、离心管、移液器。

2．试剂

（1）质粒提取试剂：溶液Ⅰ、溶液Ⅱ、溶液Ⅲ；苯酚 / 氯仿；pH 8.0 TE 缓冲液；EB

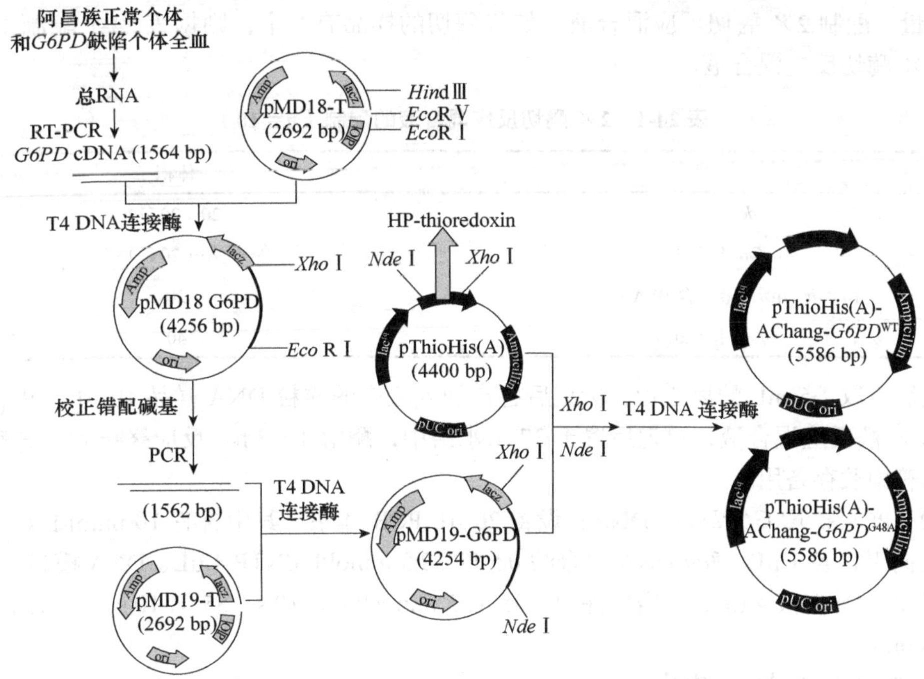

图 24-2 pThioHis（A）-*G6PD* 重组质粒的构建

染色液；TAE 电泳缓冲液（见附录二）。

（2）*Nde* Ⅰ和 *Xho* Ⅰ酶及其缓冲液。

（3）G6PD 扩增引物及 PCR 扩增试剂盒。

【实验步骤】

1. 培养细菌

将 pThioHis 载体及转化了 pThioHis（A）-*G6PD*^{WT} 和 pThioHis（A）-*G6PD*^{M} 的 DF213 大肠杆菌于培养液中过夜培养，分别标注菌液 A、菌液 B 和菌液 C。

2. 质粒 DNA 的快速提取

（1）取液体培养菌液 1.5 mL 置小离心管中，10 000 r/min 离心 1 min 去掉上清液。加入 150 μL 溶液Ⅰ，充分混悬细菌，在室温下放置 10 min。

（2）加入 200 μL 新配制的溶液Ⅱ。加盖，颠倒 5 次使之混匀。冰上放置 5 min。

（3）加 150 μL 预冷的溶液Ⅲ，加盖后颠倒 5 次混匀，冰上放置 15 min。10 000 r/min 离心 5 min，上清液倒入另一离心管中。

（4）向上清液中加入等体积苯酚 / 氯仿，震荡混匀，10 000 r/min 离心 2 min，将上清液转移至新的离心管中。

（5）向上清液中加入等体积无水乙醇，混匀，室温放置 2 min。10 000 r/min 离心 5 min，倒去上清乙醇溶液，将离心管倒扣在吸水纸上，吸干液体。

（6）加 1 mL 70% 乙醇，震荡后 10 000 r/min 离心 1min，倒去上清液，晾干，加入 20 μL TE 缓冲液，使 DNA 完全溶解，待用。

3. 质粒 DNA 的限制酶切或者 PCR 扩增 *G6PD* 的 cDNA

（1）质粒 DNA 的限制酶切：取洁净灭菌 1.5 mL 离心管 1 支，按待酶切的样品数量

+1 的量，配制 2× 酶切反应混合液。如待酶切的样品有 9 个，则据表 24-1 配制 10 个样品的 2× 酶切反应混合液。

表 24-1　2× 酶切反应混合液的配制（*n*=10）

试剂	体积
Nde Ⅰ（μL）	20（20 U）
Xho Ⅰ（μL）	20（20 U）
10× 酶切缓冲液（含 BSA）（μL）	20
蒸馏水（μL）	40

然后，取 1.5 mL 的离心管，标记后各自加入相应的质粒 DNA 样品 10 μL，再各加入 10 μL 2× 酶反应混合液，混匀后置于 37 ℃水浴中，酶解 1～3 h。反应终止后，各酶切样品于冰箱中贮存备用。

（2）PCR 扩增 *G6PD* 的 cDNA：设置 20 μL PCR 体系，其中含有 10 pmol/L *G6PD* 基因正反向引物各 1 μL、*Taq* DNA 聚合酶 0.5 U、2.5 mmol/L dNTP 4 μL、DNA 模板 1 μL 和有 Mg^{2+}的缓冲溶液 4 μL，扩增条件为：95 ℃ 5 min→95 ℃ 10 s，55 ℃ 10 s，72 ℃ 1 min→72 ℃ 8 min。

4. DNA 琼脂糖凝胶电泳

（1）制备 0.8% 的琼脂糖凝胶。

（2）加样：分别取质粒 DNA 10 μL（按由左到右顺序：质粒 A→质粒 A- 酶切 →质粒 B→质粒 B- 酶切→质粒 C→质粒 C- 酶切→DNA Marker，各样品中加入 6× 上样缓冲液 2 μL（DNA Marker 除外），用移液器混合后取 10 μL 分别加入凝胶样品小槽内。

（3）电泳：加完样品后立即通电。样品进胶前，应使电流控制在 20 mA，样品进胶后电压控制在 60～80 V，电流为 40～50 mA。当指示剂色带移动至距离胶板 1～2 cm 处，停止电泳。

（4）将电泳后的胶块在紫外检测仪下（254 nm）观察琼脂糖凝胶中的 DNA 条带。分析比较各样品 DNA 条带的差异，区分阳性和阴性重组质粒。

5. 目的 DNA 的回收纯化和测序

通过 DNA 琼脂糖凝胶硅胶层析过滤柱方法，对目的 DNA 进行回收纯化。纯化后的目的片段即可外送公司测序，进一步明确目的基因序列和是否可用于表达研究。

【注意事项】

苯酚 / 氯仿抽提蛋白后，在转移上清液时避免界面蛋白的污染。

【思考题】

1．据质粒酶切后的电泳结果，或者据 PCR 产物的电泳鉴定图，参考图 24-2 重组质粒的构建过程，判断质粒 A、B 和 C 中，何为重组质粒？为什么？

2．分析本实验中 DF213 的基因组 DNA 是如何去除的？

3．从实验结果分析质粒 DNA 的构型。

（朱月春）

实验 25 G6PD 重组酶的诱导表达、分离及比活性测定

【实验目的】

1. 能够阐述原核表达蛋白诱导与鉴定的原理和方法。

2. 能够再现原核表达蛋白纯化的方法。

【实验原理】

影响 *E.coli* 中蛋白表达量的因素除载体启动子结构以外，还有质粒拷贝数、质粒稳定性、和宿主菌的生长状态等因素。本实验所用载体为 pThioHis（A），含有 Lactose Operon 调控序列，可用 IPTG（isopropyl-beta-D-thiogalactopyranoside，异丙基硫代半乳糖苷）诱导 *G6PD* 基因表达。IPTG 可与乳糖操纵子的阻遏蛋白结合并使其空间构象改变，四聚体解聚成单体，失去与操纵子特异性紧密结合的能力，从而解除了阻遏蛋白的作用，使 *G6PD* 基因得以转录而表达。此外，IPTG 是一种作用极强的诱导剂，不被细菌代谢而十分稳定。

SDS-PAGE 分离蛋白质时，因样品和凝胶中加入了还原剂和 SDS，蛋白分子被解聚成线状，所带负电荷远大于原蛋白的电荷量，故蛋白质亚基的电泳迁移率主要取决于亚基分子质量大小，而与不同分子间的电荷差异和结构差异无关。

G6PD 比活性（U/mg 蛋白）定义为每 1 mg 总蛋白在 25 ℃的环境中每分钟产生 1 μmoL 的 NADPH 为 1 单位。

【实验器材与试剂】

1. 实验器材

台式高速离心机（16 000 r/min）、可见紫外分光光度仪、电泳仪、恒温水浴箱、电泳槽、离心管、移液器。

2. 试剂

（1）TB 培养基、100 μg/mL Amp、1 mmol/L IPTG、1.0 mg/mL 蛋白质标准溶液、2×SDS 上样缓冲液、分离胶缓冲液、压缩胶缓冲液、30% 丙烯酰胺胶液、10% 过硫酸铵、SDS-PAGE 电极缓冲液、考马斯亮蓝 R-250 染色液（见附录二）。

（2）BugBuster Protein Extraction Reagent（Gene Company）。

（3）TEMED，0.5 mol/L Tris-HCl-$MgCl_2$（pH 8.0），2 mmol/L $NADP^+$，6 mmol/L G6P-Na_2。

（4）考马斯亮蓝脱色液。

【实验步骤】

1. 样品制备

（1）细菌接种：5 mL TB 培养基中加入 10 μL Amp（100 μg/mL），从 $G6PD^{WT}$ 和 $G6PD^{M}$

转化 DF213 的 TB 固体培养基平板上挑取单菌落接种入 TB 液体培养基中；另外，以空菌 DF213 和空质粒 pThioHis（A）作为对照，37 ℃，180 r/min 摇床培养约 7 h。

（2）将上述培养的菌液按照 1∶50 接种入 200 mL 新鲜的 TB 液体培养基中（含 Amp 40 μg），37 ℃继续培养约 2 h。

（3）加入 200 μL IPTG（终浓度为 1 mmol/L）（IPTG 贮存浓度为 1 mol/L）诱导 G6PD 表达 6～9 h。

（4）分别取菌液 4 mL 于 5 mL 离心管中，10 000 r/min 离心 2 min，弃上清，重复此操作一次。

（5）于上述菌体中加入 BugBuster Protein Extraction Reagent 800 μL，室温振摇孵育 30 min 后，12 000 r/min 离心 15 min，获澄清的上清液冻存用作后续实验的待测样品。

2. 样品蛋白测定

（1）蛋白标准曲线制作：取 1.0 mg/mL 蛋白质标准溶液，制备系列稀释液，使其浓度分别为 1000 μg/mL、500 μg/mL、250 μg/mL、125 μg/mL、62.5 μg/mL。按表 25-1 操作。

表 25-1 蛋白质标准系列稀释混合液的配制

试剂	空白管	1	2	3	4	5
各蛋白质标准稀释液（mL）	—	0.1	0.1	0.1	0.1	0.1
0.9%NaCl（mL）	0.1	—	—	—	—	—
染色液（mL）	5.0	5.0	5.0	5.0	5.0	5.0
蛋白质含量（μg/mL）	0	62.5	125	250	500	1000

摇匀各管，室温静置 3 min，以空白管调节“零”点和 100% 的透光率，于分光光度计波长 595 nm 测定吸光度，以各管吸光度为纵坐标，各蛋白质标准浓度（μg/mL）为横坐标作图得标准曲线。

（2）样品总蛋白测定：取样品 0.1 mL，用 0.9%NaCl 溶液稀释 2～4 倍，混匀。按表 25-2 操作。

表 25-2 样品总蛋白测定体系的配制

试剂	空白管	DF213-*G6PD*^{WT}	DF213-*G6PD*^{M}	DF213	pThioHis（A）
稀释样品（mL）	—	0.1	0.1	0.1	0.1
0.9%NaCl（mL）	0.1	—	—	—	—
染色液（mL）	5.0	5.0	5.0	5.0	5.0

混匀，静置 3 min，以空白管调零，于 595 nm 波长下比色，读取吸光度，查标准曲线，求得稀释样品蛋白质浓度，故：未知样品蛋白质浓度（μg/mL）＝稀释样品浓度 × 稀释倍数。

3. SDS-PAGE

（1）胶模准备与灌胶　取胶模玻璃板，大小各一；将大玻璃板放在 BIO-RAD 电泳仪配套的固定架上，左右两边各放一塑料垫条，然后放入小玻璃板，底部对齐，斜对角固定螺丝，将此装置固定于 BIO-RAD 电泳仪专门的制胶装置上，加水检查胶模不漏水，按表 25-3 配制分离胶。

表 25-3　SDS-PAGE 分离胶和压缩胶的配制

加入物	分离胶（10%）	压缩胶（5%）
蒸馏水	1.9 mL	1.4 mL
30% 丙烯酰胺胶液	1.7 mL	0.33 mL
1.5 mol/L Tris（pH 8.8）	1.3 mL	—
1.0 mol/L Tris（pH 6.8）	—	0.25 mL
10%SDS	50 μL	20 μL
10%APS	50 μL	20 μL
TEMED	4 μL	2 μL
总体积	5.0 mL	2.0 mL

立即混匀分离胶溶液，灌入胶模，至距胶顶部约 1.5 cm，徐徐加入 1 mL 蒸馏水覆盖胶顶，以便凝固后分离胶液面成一水平线，一般约需 25～40 min 分离胶即可凝固。

待分离胶凝固后，将上层水相倒出，用滤纸吸干。然后按表 25-3 配制压缩胶，充分混匀压缩胶溶液，立即灌入胶模至距胶顶约 0.3 cm，缓慢插入上样梳，勿留任何气泡于胶液中，室温放置约 30 min 压缩胶即可凝固。

（2）样品准备　分别取 30～40 μg 的总蛋白，加入相同体积的 2×SDS 凝胶加样缓冲液，混匀后，100 ℃加热 5 min，冰浴冷却后准备上样。

（3）装配　待胶凝固后，将带有胶模的固定架取下，固定于电泳架上，如果只有一块胶模，需将电泳架另一面装上不带胶模的固定架（如果有两块胶模，电泳架另一面同样方法固定胶模），以形成电泳内液环境，与外液不相通；放入电泳槽中，加入新鲜配制的 1× 电极缓冲液（内液需没过小玻璃板上缘 0.5 cm），轻轻竖直向上拔出上样梳，用电泳缓冲液冲洗上样井，排除残留的未聚合的凝胶。

（4）上样　向上样井中顺序加入相应的样品：DF213-*G6PD*^{WT}、DF213-*G6PD*^{M}、DF213 和 pThioHis（A）和蛋白质的分子质量标准（Marker）5 μL（上样时枪头尖斜顶住上样井的大玻璃板面，缓缓注入样品液）。

（5）电泳　将电泳电源与电泳仪用导线相连，注意正、负极（红色连接红色，黑色连接黑色），电压 75 V，待溴酚蓝进入分离胶后，将电压升至 125 V 继续电泳，溴酚蓝至胶底部时，电泳结束。

（6）考马斯亮蓝染色　电泳结束后，断开电源，将带有胶模的固定架取下，轻轻取出胶模玻璃板，去除两边的塑料垫条，用一塑料垫条轻轻撬开两块玻璃板取下凝胶（注意戴手套，以免污染凝胶），放入一干净的平皿中，加入约 50 mL 的考马斯亮蓝 R-250 染色液，置于摇床上，振摇染色约 30 min。

（7）脱色　染色结束后，倾去染色液，加入约 50 mL 的脱色液，置于摇床上，振摇脱色约 1.5 h，至凝胶背景接近无色，照相保存结果（此期间可更换新鲜的脱色液，以加快脱色）。

（8）干胶制作　取一大玻璃板，裁取两张比玻璃板长出 5～6 cm 和宽出 5～6 cm 的玻璃纸，浸泡入蒸馏水中约 10 min，然后于玻璃板上铺一张浸泡过的玻璃纸，将胶块置于中间；再覆盖上一张浸泡过的玻璃纸，注意勿在胶块与玻璃纸之间留存气泡，最后将每边长出的玻璃纸翻向玻璃板下方折叠，四周用夹子夹紧，胶面向上放置过夜干燥保存。

4. G6PD 重组酶比活性测定

取 5 支试管，按表 25-4 配制 G6PD 比活性测定体系。

表 25-4　G6PD 比活性测定体系的配制

试剂	空白管	DF213-*G6PD*^{WT}	DF213-*G6PD*^{M}	DF213	pThioHis（A）
蒸馏水（μL）	990	990	990	990	990
Tris-HCl-$MgCl_2$（μL）	150	150	150	150	150
6 mmol/L G6P-Na_2（μL）	150	150	150	150	150
2 mmol/L $NADP^+$（μL）	150	150	150	150	150
混匀，于恒温水循环（25 ℃）的紫外分光光度仪样品池中预热 10 min					
样品（μL）	60	60	60	60	60

混匀，1 min 后开始测 340 nm 吸光度（$A_{340\ nm}$），每 2 min 记录 $A_{340\ nm}$ 一次，至 10 min 止，比较每 2 min $A_{340\ nm}$ 值的变化情况，若相近，表明酶促反应平稳。以 10 min $A_{340\ nm}$ 值的变化（$\Delta A_{340\ nm}$）计算 NADPH 产量。由于 NADPH 在 340 nm 处光径 1 cm 时其微摩尔吸光系数（ε）为 6.22，故 10 min 内 NADPH 产量计算法为：

$$\text{NADPH 产量（μmoL）} = \Delta A_{340\ nm}/6.22$$

$$\text{G6PD 比活性［μmoL/（min·mg）］} = \text{NADPH 产量（μmoL）/ 总蛋白（mg）}$$

【注意事项】

1. 样品制备好应尽快测活性，如果不能及时完成需 −20 ℃冻存。
2. 总蛋白定量用玻璃比色杯，而 G6PD 比活性测定用石英比色杯。

【思考题】

1. 如何判断诱导的目的蛋白 G6PD 有表达及表达量的多少？
2. 请设计实验探讨 IPTG 诱导时间和浓度对 G6PD 比活性的影响。
3. 本实验中压缩胶起什么作用？

（朱月春）

实验 26　ATP、ADP 和 NADPH 对 G6PD 酶促反应的影响

【实验目的】

1．能够完成双倒数法测定酶 K_m 值和 V_m 值。

2．能够阐述酶促反应动力学的影响因素及其机理。

3．能够应用通过酶促反应实验判断抑制类型的方法。

【实验原理】

根据酶与底物形成中间产物的学说，可以得到表示酶促反应速率与底物浓度之间相互关系的方程式，即酶学上著名的米氏方程：

$$V=\frac{V_m \cdot [S]}{K_m+[S]}$$

式中，[S] 为底物浓度，V 为反应速率，V_m 为最大反应速度，K_m 为米氏常数。由米氏方程可以推出 K_m 等于反应速率达到最大反应速率一半时的底物浓度，其单位就是浓度单位（mol/L 或 nmol/L）。K_m 是酶的特性常数，与酶的结构、底物有关，而与酶的浓度无关。当同一种酶能够作用于几种不同的底物时，K_m 往往可以反映出酶与各种底物亲和力的强弱。K_m 数值越大，说明酶与底物的亲和力越弱；反之，K_m 值越小，说明酶与底物的亲和力越强，K_m 值最小的底物就是酶的最适底物。

测定 K_m 和 V_m 是酶学工作的基本内容之一，一般通过作图法求得。作图方法很多，其共同特点是先将米氏方程式变换成直线方程，然后通过作图法求得。本实验通过最常用的林 - 贝（Lineweaver-Burk）作图法，即双倒数作图法。测定 G6PD 以 G6P 为底物的 K_m 和 V_m，这个方法是先将米氏方程两边同时取倒数，整理后得到：

$$\frac{1}{V}=\frac{K_m}{V_m}\cdot\frac{1}{[S]}+\frac{1}{V_m}$$

然后以 1/ [S] 对 $1/V$ 作图，可得到一条直线。这条直线在横轴上的截距为 $-1/K_m$，在纵轴上的截距为 $1/V_m$，由此即可求得 K_m 和 V_m（图 26-1）。

此外，本实验通过测定 ATP、ADP 及 NADPH 对 G6PD 催化底物 G6P 的 K_m 和 V_m，根据双倒数作图所得直线及 K_m 和 V_m 的变化规律可确定抑制反应的类型。

【实验器材与试剂】

1．实验器材

恒温水循环紫外分光光度计、坐标纸和直尺等。

2．试剂

（1）0.5 mol/L Tris-HCl $MgCl_2$ 缓冲液（pH 8.0），2 mmol/L $NADP^+$，6 mmol/L G6P-Na_2。

（2）1 mol/L ATP 溶液、0.5 mol/L ADP 溶液、0.1 mol/L ADP 溶液。

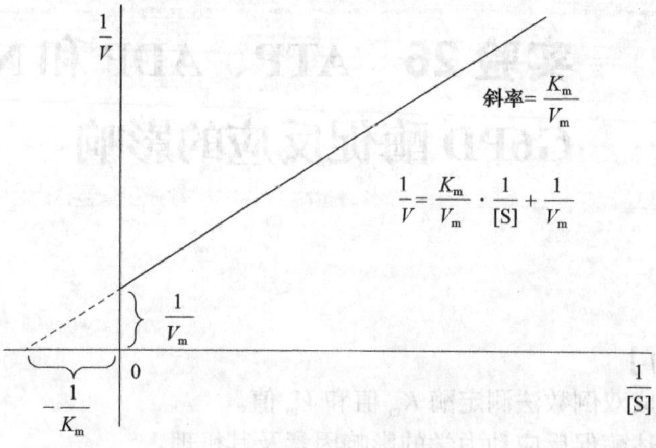

图 26-1 双倒数作图法测定 K_m 和 V_m

【实验步骤】

1. 样品

实验 25（G6PD 重组酶的诱导表达、分离及比活性测定）中 G6PD 比活性最高和诱导表达的 G6PD 蛋白量最多的样品为本实验的测定样品。

2. G6P 的 K_m 和 V_m 值测定

取 6 支 1.5 mL 的离心管，选择 $NADP^+$浓度（终浓度为 0.2 mmol/L）不变，G6P 浓度分别选择 0.03 mmol/L、0.06 mmol/L、0.09 mmol/L、0.12 mmol/L、0.18 mmol/L，按表 26-1 操作。

表 26-1 G6PD 对 G6P 的 K_m 和 V_m 值测定体系的配制

试剂	G6P（mmol/L）					
	0.03	0.03	0.06	0.09	0.12	0.18
蒸馏水（μL）	1192.5	1132.5	1125	1117.5	1110	1095
Tris-HCl-$MgCl_2$ 液（μL）	150	150	150	150	150	150
6 mmol/L G6P-Na_2（μL）	7.5	7.5	15	22.5	30	45
2 mmol/L $NADP^+$（μL）	150	150	150	150	150	150
混匀，于恒温 25 ℃的紫外分光光度仪样品池中预热 10 min						
样品	0	60	60	60	60	60

混匀，1 min 后以无样品管作空白，开始测 $A_{340\,nm}$，每 2 min 记录 $A_{340\,nm}$ 一次，至 10 min 止，比较每 2 min $A_{340\,nm}$ 值的变化情况，若相近，表明酶促反应平稳。以 10 min $A_{340\,nm}$ 值的变化（$\Delta A_{340\,nm}$）计算 NADPH 产量。

3. ATP、ADP 和 NADPH 对 G6PD 酶促反应的影响

（1）ATP 浓度分别选择 8 mmol/L、12 mmol/L、16 mmol/L，每个 ATP 浓度下，G6P 浓度分别选择 0.03 mmol/L、0.06 mmol/L、0.09 mmol/L，按表 26-2～表 26-4 操作，以无样品管作空白，测定 10 min $A_{340\,nm}$ 值的变化（$\Delta A_{340\,nm}$）。

表 26-2 ATP 浓度为 8 mmol/L 的测定体系配制

试剂	G6P（mmol/L）			
	0.03	0.03	0.06	0.09
蒸馏水（μL）	1072.5	1012.5	1005	997.5
Tris-HCl-$MgCl_2$ 液（μL）	150	150	150	150
6 mmol/L G6P-Na_2（μL）	7.5	7.5	15	22.5
2 mmol/L $NADP^+$（μL）	150	150	150	150
0.1 mol/L ATP 液（μL）	120	120	120	120
	混匀，于恒温 25 ℃的紫外分光光度仪样品池中预热 10 min			
样品（μL）	0	60	60	60

表 26-3 ATP 浓度为 12 mmol/L 的测定体系配制

试剂	G6P（mmol/L）			
	0.03	0.03	0.06	0.09
蒸馏水（μL）	1012.5	952.5	945	937.5
Tris-HCl-$MgCl_2$ 液（μL）	150	150	150	150
6 mmol/L G6P-Na_2（μL）	7.5	7.5	15	22.5
2 mmol/L $NADP^+$（μL）	150	150	150	150
0.1 mol/L ATP 液（μL）	180	180	180	180
	混匀，于恒温 25 ℃的紫外分光光度仪样品池中预热 10 min			
样品（μL）	0	60	60	60

表 26-4 ATP 浓度为 16 mmol/L 的测定体系配制

试剂	G6P（mmol/L）			
	0.03	0.03	0.06	0.09
蒸馏水（μL）	952.5	892.5	885	877.5
Tris-HCl-$MgCl_2$ 液（μL）	150	150	150	150
6 mmol/L G6P-Na_2（μL）	7.5	7.5	15	22.5
2 mmol/L $NADP^+$（μL）	150	150	150	150
0.1 mol/L ATP 液（μL）	240	240	240	240
	混匀，于恒温 25 ℃的紫外分光光度仪样品池中预热 10 min			
样品（μL）	0	60	60	60

（2）ADP 浓度分别选择 2 mmol/L、8 mmol/L、12 mmol/L，每个 ADP 浓度下，G6P 浓度分别选择 0.03 mmol/L、0.06 mmol/L、0.09 mmol/L，按表 26-5～表 26-7 操作，以无样品管作空白，测定 10 min $A_{340\text{ nm}}$ 值的变化（$\Delta A_{340\text{ nm}}$）。

表 26-5 ADP 浓度为 2 mmol/L 的测定体系配制

试剂	G6P（mmol/L）			
	0.03	0.03	0.06	0.09
蒸馏水（μL）	1186.5	1126.5	1119	1111.5
Tris-HCl-$MgCl_2$ 液（μL）	150	150	150	150
6 mmol/L G6P-Na_2（μL）	7.5	7.5	15	22.5
2 mmol/L $NADP^+$（μL）	150	150	150	150
0.5 mol/L ADP 液（μL）	6	6	6	6
混匀，于恒温 25 ℃的紫外分光光度仪样品池中预热 10 min				
样品（μL）	0	60	60	60

表 26-6 ADP 浓度为 8 mmol/L 的测定体系配制

试剂	G6P（mmol/L）			
	0.03	0.03	0.06	0.09
蒸馏水（μL）	1168.5	1108.5	1101	1093.5
Tris-HCl-$MgCl_2$ 液（μL）	150	150	150	150
6 mmol/L G6P-Na_2（μL）	7.5	7.5	15	22.5
2 mmol/L $NADP^+$（μL）	150	150	150	150
0.5 mol/L ADP 液（μL）	24	24	24	24
混匀，于恒温 25 ℃的紫外分光光度仪样品池中预热 10 min				
样品（μL）	0	60	60	60

表 26-7 ADP 浓度为 12 mmol/L 的测定体系配制

试剂	G6P（mmol/L）			
	0.03	0.03	0.06	0.09
蒸馏水（μL）	1156.5	1096.5	1089	1081.5
Tris-HCl-$MgCl_2$ 液（μL）	150	150	150	150
6 mmol/L G6P-Na_2（μL）	7.5	7.5	15	22.5
2 mmol/L $NADP^+$（μL）	150	150	150	150
0.5 mol/L ADP 液（μL）	36	36	36	36
混匀，于恒温 25 ℃的紫外分光光度仪样品池中预热 10 min				
样品（μL）	0	60	60	60

（3）NADPH 浓度分别选择 0.5 mmol/L、1.0 mmol/L、1.5 mmol/L，每个 NADPH 浓度下，G6P 浓度分别选择 0.03 mmol/L、0.06 mmol/L、0.09 mmol/L，按表 26-8～表 26-10 操作，以无样品管作空白，测定 10 min $A_{340\ nm}$ 值的变化（$\Delta A_{340\ nm}$）。

表 26-8　NADPH 浓度为 0.5 mmol/L 的测定体系配制

试剂（μL）	G6P（mmol/L）			
	0.03	0.03	0.06	0.09
蒸馏水（μL）	1185	1125	1117.5	1110
Tris-HCl-$MgCl_2$ 液（μL）	150	150	150	150
6 mmol/L G6P-Na_2（μL）	7.5	7.5	15	22.5
2 mmol/L $NADP^+$（μL）	150	150	150	150
0.1 mol/L NADPH 液（μL）	7.5	7.5	7.5	7.5
	混匀，于恒温 25 ℃的紫外分光光度仪样品池中预热 10 min			
样品（μL）	0	60	60	60

表 26-9　NADPH 浓度为 1.0 mmol/L 的测定体系配制

试剂	G6P（mmol/L）			
	0.03	0.03	0.06	0.09
蒸馏水（μL）	1177.5	1117.5	1110	1102.5
Tris-HCl-$MgCl_2$ 液（μL）	150	150	150	150
6 mmol/L G6P-Na_2（μL）	7.5	7.5	15	22.5
2 mmol/L $NADP^+$（μL）	150	150	150	150
0.1 mol/L NADPH 液（μL）	15	15	15	15
	混匀，于恒温 25 ℃的紫外分光光度仪样品池中预热 10 min			
样品（μL）	0	60	60	60

表 26-10　NADPH 浓度为 1.5 mmol/L 的测定体系配制

试剂	G6P（mmol/L）			
	0.03	0.03	0.06	0.09
蒸馏水（μL）	1170	1110	1102.5	1095
Tris-HCl-$MgCl_2$ 液（μL）	150	150	150	150
6 mmol/L G6P-Na_2（μL）	7.5	7.5	15	22.5
2 mmol/L $NADP^+$（μL）	150	150	150	150
0.1 mol/L NADPH 液（μL）	22.5	22.5	22.5	22.5
	混匀，于恒温 25 ℃的紫外分光光度仪样品池中预热 10 min			
样品（μL）	0	60	60	60

【实验结果】

1. G6P 的 K_m 和 V_m 值的确定

由于 NADPH 在 340 nm 处，光径 1cm 时其 1 μmoL 吸光系数（ε）为 6.220，故 10 min 内 NADPH 产量为：

$$\text{NADPH 产量（μmoL）} = \Delta A_{340\ nm}/6.22$$

$$\text{G6PD 比活性［μmoL/（min·mg）］} = \text{NADPH 产量（μmoL）/ 总蛋白（mg）}$$

最后以 1/G6P 为横坐标、1/G6PD 活性为纵坐标作图，即可得出 K_m 和 V_m 值。

2. ATP、ADP 和 NADPH 对 G6PD 酶抑制类型的判断

分别计算各管的 NADPH 产量和 G6PD 比活性，以五个 1/G6P 为横坐标、四个 ATP 浓度（0 mmol/L 、8 mmol/L、12 mmol/L、16 mmol/L）对应的 1/G6PD 活性为纵坐标作图，观察四条直线及 K_m 和 V_m 值的变化规律，判断 ATP 对 G6PD 酶的抑制类型。同法作图以判断 ADP 和 NADPH 对 G6PD 酶的抑制类型。

【注意事项】

1. 样品应避免反复解冻，在测定过程中应保存样品在冰浴中。
2. 各管的 $\Delta A_{340\,nm}$ 测定过程中要注意混匀、保温和定时。

【思考题】

1. 判断 ATP、ADP 或 NADPH 对 G6PD 活性抑制的反应类型，确定 ATP、ADP 或 NADPH 是 G6PD 的竞争性还是非竞争性抑制剂，为什么？
2. 影响酶促反应的因素有哪些？请设计实验测定 G6PD 对 $NADP^+$ 的 K_m 和 V_m 值。

（朱月春　杨银峰）

实验 27　小鼠肝组织总 RNA 提取与 RT-PCR 获取真核基因片段

【实验目的】

1. 能够阐述从动物组织中提取 RNA 的基本原理和方法，以及 RNA 质量鉴定的原理。
2. 能够阐述 RT-PCR 获取真核基因片段的原理和方法。

【实验原理】

1. RNA 的分离纯化

RNA 的分离纯化包括总 RNA 和 mRNA 的分离纯化两类。总 RNA（total RNA）包括细胞内的 mRNA、rRNA 和 tRNA 等所有的 RNA。mRNA 的质和量差异可以反映细胞功能状态的差异，而不同细胞内或不同生理病理状态下的 rRNA 和 tRNA 只存在量的差异。因此，绝大多数 RNA 分析是针对 mRNA。总 RNA 分离纯化比 mRNA 的分离纯化更容易，因此 mRNA 分离纯化一般是在总 RNA 分离纯化的基础上进行。

提取 RNA 首先要使细胞的内源性 RNA 酶失活并予以去除，然后沉淀纯化核酸，再去除 DNA 得到纯化的总 RNA。目前，常用异硫氰酸胍一步分离法提取 RNA。简言之，先使 RNA 酶失活（用蛋白质变性剂异硫氰酸胍和高浓度还原剂巯基乙醇的试剂），再用苯酚 - 氯仿抽提使蛋白质变性沉淀去除蛋白质（包括 RNA 酶），然后加异丙醇沉淀总 RNA，最后用 DNA 酶去除残留的微量 DNA。本实验应用商品化的 Trizol 试剂（由苯酚和硫氰酸胍配制的总 RNA 快速抽提试剂）。在匀浆和裂解过程中，该试剂能在破碎细胞、降解细胞其他成分的同时保持 RNA 的完整性；在氯仿抽提、离心分离后，RNA 处于水相中，将水相转管后再用异丙醇沉淀 RNA。

2. RNA 的质量检测与鉴定

RNA 的定量与 DNA 类似。较大量的 RNA 可用紫外分光光度法测定 260 nm 的吸光度进行定量。通常以 $A_{260\ \mathrm{nm}}=1.0$ 对应于 50 μg/mL dsDNA，或 40 μg/mL ssDNA 或者 RNA，或 20 μg/mL 寡核苷酸为标准计算核酸含量。根据 RNA 溶液中 $A_{260\ \mathrm{nm}}/A_{280\ \mathrm{nm}}$（Ratio，$R$），即 $R=1.8\sim2.0$ 时，RNA 质量较好；$R<1.8$ 时，RNA 有蛋白质或者其他有机物的污染；$R>2.2$ 时，RNA 已经降解。判断总 RNA 的完整性、有无降解，必须进行 RNA 琼脂糖凝胶电泳，以 rRNA 区带完整性来决定。微量的 RNA 可以通过与已知量标准 RNA 同时电泳后，比较结果进行半定量分析。

3. 反转录 RT-PCR

生物体内，尤其是高等生物体内，组织细胞组成、形态和功能均呈现多样性。细胞内 RNA 的组成、类型也是千差万别；同一种细胞在不同生理、病理条件下，RNA 组成也会发生数量或质量的变化，更多的是二者均有改变。以往 RNA 分析主要采用 RNA 印迹（Northern blotting）和斑点杂交等方法，近年来则多用更加简捷的 RT-PCR（reverse transcription PCR）技术。即以 RNA 为模板，在反转录酶的作用下合成与之序列互补的 cDNA，再以 cDNA 为模板通过 PCR 反应来扩增目的基因。该方法可用于基因克隆、序列分析、基因表达、探针制备、基因功能等研究，是目前从组织或细胞中获取目的基因、定性和半定量分析 RNA 的最有效方法，尤其是荧光实时 PCR（real-time PCR）技术更加简便、快捷和准确。

本实验所扩增的基因为小鼠 *G6PD* 的 cDNA 序列，全长为 1575 bp。

【实验器材与试剂】

1. 实验器材

剪刀、镊子、小塑料平皿、玻璃匀浆器、台式高速离心机、振荡器、移液器及吸头、PCR 仪、烤箱、微波炉、紫外检测仪、紫外分光光度仪、电泳仪（如果无专用于 RNA 的核酸平板电泳仪，可以先用 3% 的 H_2O_2 浸泡电泳槽、核酸胶模和上样梳数小时，然后去除 H_2O_2，再用 DEPC 处理过的水清洗即可使用）。

移液器吸头和离心管的 DEPC 处理：量取 1000 mL 蒸馏水，加入 1 mL DEPC 液，将吸头和离心管浸入含 DEPC 水中，37 ℃过夜保温。第二天去除含 DEPC 水（保留含 DEPC 的水，高压消毒后用于配制 RNA 电泳电极液），移液器吸头和离心管于 121 ℃高压消毒 15～20 min，破坏残留的 DEPC，最后 80～100 ℃烤干备用。

2. 试剂

（1）DEPC 处理的蒸馏水：向 1000 mL 蒸馏水中加入 1 mL DEPC 液，37 ℃过夜保温，再经过高压消毒去除残留的 DEPC。

（2）DEPC 处理的 75% 乙醇：向 25 mL DEPC 处理的蒸馏水中加入 75 mL 无水乙醇。

（3）TE、10× MOPS 缓冲液、EB 液（见附录二）。

（4）Trizol 试剂、琼脂糖、甲醛、氯仿、异丙醇、0.5%SDS（用 DEPC 处理的水配制）。

（5）RNA 电泳上样液：2%SDS、2%β- 巯基乙醇、25% 甘油以及 0.1% 溴酚蓝。

（6）一步法 RT-PCR 制备试剂盒。

（7）引物（此引物用于克隆小鼠 *G6PD* 的 cDNA）

G6PD cDNA Forward primer：5′-GATGGAGCCCTGTCTTTGGAGA-3′

G6PD cDNA Reverse primer：5′-TTACTAAAACCACTGGCCGGGA-3′

（8）琼脂糖凝胶 DNA 纯化试剂盒：溶胶液、离心柱、套管、清洗液、洗脱液。

【时间安排】

第一天，学生完成：① 小鼠肝脏总 RNA 提取，RNA 含量的紫外分光光度计测定；② RT-PCR 制备小鼠总 cDNA 基因。

第二天，学生完成：① PCR 反应制备小鼠 *G6PD* cDNA 基因；② 非变性琼脂糖凝胶电泳和甲醛变性琼脂糖凝胶电泳鉴定提取 RNA 的质量。

第三天，学生完成：① 琼脂糖凝胶电泳鉴定 PCR 产物 *G6PD* cDNA 基因；② 对琼脂糖凝胶中的 *G6PD* cDNA 基因进行回收、纯化。

【实验步骤】

1. 小鼠肝脏总 RNA 提取

（1）取一直径 9～10 cm 的培养皿，放入碎冰，再取一小塑料皿置于冰上待用。

（2）取小鼠，断颈去血后，剪取小鼠肝脏约 0.2 g，置入小塑料平皿中，加入

2 mL 的 Trizol 试剂，用剪刀快速将肝脏组织剪碎，然后移入玻璃匀浆器中，立即在冰浴中上下研磨十次进行匀浆，然后把匀浆液均匀转移入两支 1.5 mL 离心管中，室温静置 5 min；

（3）每管加入 0.2 mL 氯仿，盖紧管口，用力颠倒离心管 3～5 次进行混合，室温静置 5 min 后，于 12 000 r/min 4 ℃离心 10 min。用 200 μL 移液器将上层水相分别转移入两支 1.5 mL 离心管，每支约 400 μL；再各加入 400 μL 异丙醇，颠倒混匀后冰上静置 10 min，12 000 r/min 离心 10 min；用 200 μL 移液器将上清去净后，加入 1 mL DEPC 处理过的 75% 乙醇，振荡片刻，再于 12 000 r/min 离心 5 min；再次弃净上清，敞口室温静置 5～15 min，待 RNA 沉淀略干，每管中加入 DEPC 处理过的蒸馏水 40 μL 溶解 RNA，合并两管 RNA 溶液，置 −70～−20 ℃保存备用。

2. 提取 RNA 浓度测定

取两只石英比色杯，一只加入 1000 μL TE 缓冲液（空白管），另一只（样品管）加入 980 μL TE 缓冲液，再加入 20 μL RNA 液，混匀后置紫外分光光度计中，分别测定其在 260 nm 和 280 nm 的光吸收值，计算出二者的比值以及提取 RNA 原液中 RNA 的浓度。

3. RNA 变性琼脂糖电泳

RNA 变性琼脂糖电泳一般用于 Northern blotting 和制备的 RNA 样品的质量（完整度）分析。

（1）琼脂糖胶模的准备：将制胶模具水平放置，再插入上样梳。

（2）配制琼脂糖胶液：称取 0.8 g 琼脂糖放入一个 250 mL 三角烧瓶，加入 10 mL 10×MOPS 溶液和 74 mL 蒸馏水；盖上一烧杯，置微波炉中加热 1 min 融化琼脂糖，取出后立即摇匀，待其冷却至 50 ℃左右；加入 16 mL 甲醛（*注：高温下甲醛易挥发，防止口、鼻吸入气化甲醛*），摇匀，再加入 5 μL 核酸染料 Gold View，摇匀，注入胶模。

（3）RNA 电泳样品准备：向一支 1.5 mL 离心管中加入 20 μL RNA 电泳上样液和 20 μg RNA（根据测定浓度取体积），加入 DEPC 处理的蒸馏水至 40 μL，混匀。

（4）配制电泳电极液 100 mL：量取 10 mL 10× MOPS 溶液和 8 mL 甲醛，再加蒸馏水至 100 mL 混匀即可。

（5）电泳：将制备好的琼脂糖凝胶取出，放入电泳槽；加电极液至没过胶面 2～3 mm，然后拔出上样梳；用移液器将样品加入上样井中；负极接上样井端，正极接另一端，加 80 V 电压（对应于 7.5 cm 长的凝胶）电泳 50 min。至溴酚蓝色带迁移至胶块长度的四分之三时，关闭电源；戴手套取出胶模，置于透射紫外灯上观察 28S 和 18S 核糖体 RNA 分子区带的带型和亮度比例。照相保存结果。

4. RT-PCR 获取目的基因片段

RT-PCR 采用两步法，即第一步利用反转录酶将 RNA 反转录成 cDNA；第二步以 cDNA 为模板，通过 PCR 反应扩增目的基因。

（1）cDNA 合成：采用试剂盒 Thermoscientific ReverAid First Strand cDNA Synthesis Kit 进行反转录，按试剂盒说明操作（取 1 μL 的 RNA 作为模板）。

（2）特异性 PCR 扩增 *G6PD* cDNA：采用 PCR 反应试剂盒，取一支 200 μL 薄壁 PCR 反应管，按表 27-1 分别加入以下反应组分：

表 27-1 特异性 PCR 扩增 *G6PD* cDNA 反应体系（25 μL）

试剂	体积（μL）
PCR Mix	22
10 μmol/L *G6PD* cDNA Forward primer	1
10 μmol/L *G6PD* cDNA Reverse primer	1
cDNA	1

再用调至 30 μL 刻度的移液器上下抽吸 3 遍进行混匀，放入 PCR 仪中，设置程序：95 ℃预变性 5 min；95 ℃ 30 s→57 ℃ 30 s→72 ℃ 2 min，循环 30 次；72 ℃ 10 min。

5. RT-PCR 产物的 DNA 电泳检测和纯化

DNA 琼脂糖凝胶电泳纯化方法是目前对不同大小 DNA 片段进行分离的主要方法。其包括两个步骤：① 通过琼脂糖凝胶电泳分离不同大小的 DNA 分子，然后将含目的 DNA 条带的凝胶切下；② 抽提纯化凝胶中的 DNA（多采用硅胶层析过滤柱方法）。

（1）DNA 琼脂糖凝胶电泳：参照实验 8。电泳完毕，取出电泳胶，于紫外检测仪上观察 PCR 结果，并照相记录结果。

（2）取一支 1.5 mL 离心管称重记录（mg），切下含所需 DNA 区带的胶块移入其中（尽量去除不含 DNA 的胶块），再次称重，两次称重数值相减得到胶块的重量（mg）。

（3）按胶块重量加入 3 倍体积的溶胶液（即 1 mg 胶，加 3 μL 溶胶液），置 50～60 ℃加热 10 min，每隔 2 min 颠倒混合一次。

（4）将融化的胶液移入硅胶层析过滤柱（将此柱预先套入一只 2 mL 离心管），于室温 10 000 r/min 离心 1 min。

（5）去除套管中的滤液，将硅胶层析过滤柱放回套管，加入 750 μL 清洗液，静置 2～5 min，离心 1 min。

（6）去除套管中的滤液，将硅胶层析过滤柱放回套管，15 000 r/min 离心 1 min。

（7）将硅胶层析过滤柱放入一支新 1.5 mL 离心管，向硅胶层析过滤柱的中心加入 30 μL 的 TE 缓冲液（60 ℃预热 10 min），静置 1 min，15 000 r/min 离心 1 min，去除硅胶层析过滤柱，将 1.5 mL 离心管置 −20 ℃保存备用，该管中的液体含纯化的 DNA。DNA 浓度可以通过微量 DNA 电泳方法确定。

【实验结果】

1．根据 RNA 溶液在 260 nm 和 280 nm 波长的光吸收值，计算出二者的比值，说明提取 RNA 的纯度。根据 RNA 溶液在 260 nm 波长的光吸收值计算提取 RNA 原液中 RNA 的浓度。

2．依据 RNA 变性琼脂糖电泳胶块紫外检测结果（照相结果），分析 RNA 的完整度。

3．依据 RT-PCR 产物的 DNA 电泳结果分析 RT-PCR 实验的成败及其可能的原因。

【注意事项】

1．样品来源：样品的来源（植物、动物、微生物等）不同，以及生物体内的组织来源不同，提取 RNA 尤其是 mRNA 的方法或采样时机也有所差异。

2．RNA 酶的污染：由于 RNA 酶的活性发挥不需要任何辅助因子，而且 RNA 酶变性失活后极易复性恢复酶活性。所以实验中既要快速灭活去除样品的内源性 RNA 酶，也要防止外源性 RNA 酶的污染。故所用器材和试剂都必须进行去除 RNA 酶活性处理，耐高温材料（如玻璃、金属）可高温烘烤（160 ℃以上，数小时），塑料制品用氯仿、有机玻璃制品用 3%H_2O_2 浸泡处理。此外，不能高压灭菌的用具要用 0.1%DEPC（焦炭酸二乙酯）处理，再煮沸以除净 DEPC；水和试剂经 0.1%DEPC 处理后需高压除去残留的 DEPC。DEPC 能使蛋白质乙基化而破坏 RNA 酶活性，但 Tris 等含氨基的试剂不宜用 DEPC 处理。在 RNA 提取过程中，最关键的是快速灭活样品的内源性 RNA 酶，同时要防止外源性 RNA 酶对 RNA 样品和试剂的再污染。为提取完整的全长 RNA 分子，所有提取过程中与样品直接进行接触的器材和试剂都必须进行去除 RNA 酶活性处理，并且戴手套进行操作。此外，在操作方面需要注意快捷，尤其要缩短从处死动物到 RNA 提取开始的时间，以便减少内源性 RNA 酶对 RNA 的降解作用。

【思考题】

1．RT-PCR 中的 RT 步骤起什么作用？哪一个在其中起引物作用？为什么？

2．RT-PCR 中的 PCR 步骤起什么作用？为什么？

3．一般提取纯化 RNA 是为了分析利用其中的 mRNA，而利用总 RNA 变性凝胶电泳检查提取纯化的 RNA 完整度，观察的是 rRNA，为什么？

（武　静）

实验 28　pET-32a（＋）-*G6PD* 重组表达质粒的构建与鉴定

【实验目的】

1．能够画出重组质粒 pET-32a（＋）-*G6PD* 构建过程的流程图。

2．能够阐述重组质粒鉴定的原理和方法。

【实验原理】

重组表达质粒构建的基本原理是根据研究目的进行表达质粒和目的基因的体外重组，并进行阳性重组子的筛选的鉴定。本实验应用含有 His-Tag 的 pET-32a（＋）原核高效表达质粒，以小鼠 *G6PD* 的 cDNA 为目的基因，ET-32a（＋）-*G6PD* 的构建和鉴定如下：

1．目的基因获取及其 5′ 端和 3′ 端添加保护碱基和限制性内切酶酶切位点

提取小鼠肝脏总 RNA，经 RT-PCR 获得小鼠 *G6PD* 基因的 cDNA（1575 bp）。为了保证所构建的原核表达重组载体 pET-32a（＋）-*G6PD* 的准确性和有效性，在目的基因 *G6PD* cDNA 两端设计 5′ 端和 3′ 端 PCR 反应引物，使其 5′ 端添加保护碱基 5′-ATT 和 *Kpn* Ⅰ 酶切位点（GGTACC），在 3′ 端添加保护碱基 CGG-3′ 和 *Eco*R Ⅰ 酶切位点（GAATTC）（图 28-1）。

5′-ATT GGT ACC | *G6PD* cDNA (1575 bp) | GAATTC CGG-3′

图 28-1　小鼠 *G6PD* cDNA 的获取的设计

目的基因 *G6PD* cDNA 经过 PCR 反应扩增，琼脂糖凝胶电泳后回收凝胶中的目的 DNA 片段，经纯化后测序；或者纯化 PCR 产物后测序。必须确认目的基因的 DNA 序列后再进行后续的诱导表达及表达蛋白分析。

2．目的基因和质粒 pET-32a（＋）DNA 的双酶切

从大肠杆菌菌株 BL 21（DE3）中提取质粒 pET-32a（＋）DNA。选用 *Kpn* Ⅰ 和 *Eco*R Ⅰ 两种限制性内切酶双酶切目的基因和质粒 DNA。

3．目的基因与表达载体连接

回收纯化双酶切后的目的基因 *G6PD* cDNA 与表达载体 pET-32a（＋），并用 DNA 连接酶将二者进行连接，*G6PD* cDNA 插入到 *Kpn* Ⅰ 和 *Eco*R Ⅰ 的位点之间，形成重组质粒 pET-32a（＋）-*G6PD*。

4．重组质粒 pET-32a（＋）-*G6PD* 转化感受态细菌

重组质粒 pET-32a（＋）-*G6PD* 转化至大肠杆菌 BL21（DE3）感受态细胞中。

5. 重组质粒的菌落 PCR 鉴定

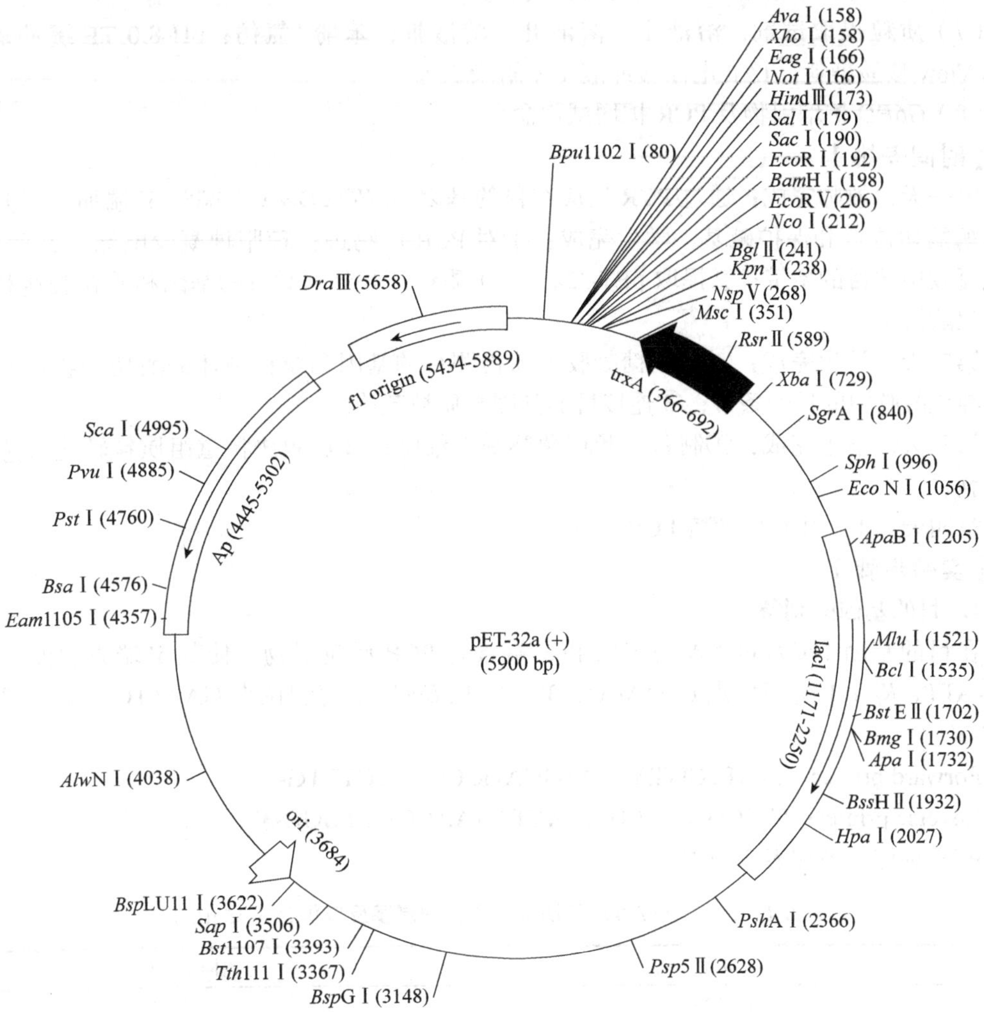

图 28-2　pET-32a（+）质粒结构示意图

【实验器材与试剂】

1. 实验器材

台式高速离心机（16 000 r/min）、PCR 仪、紫外检测仪、电泳仪、恒温水浴箱、37 ℃恒温摇床、水平电泳槽、离心管、移液器。

2. 试剂

（1）质粒和菌株：pET-32a（+）质粒，大肠杆菌 *E.coli* BL 21（DE3）。

（2）0.1 mol/L $CaCl_2$：称取 2.7 g 的 $CaCl_2 \cdot 6H_2O$，定容为 100 mL，0.22 μm 滤膜（121 ℃，25 min 灭菌）过滤除菌，−20 ℃保存。

（3）0.1 mol/L $CaCl_2 \cdot MgCl_2$：称取 2.7 g 的 $CaCl_2 \cdot 6H_2O$ 和 2.03 g 的 $MgCl_2 \cdot 6H_2O$，定容为 100 mL，0.22 μm 滤膜（121 ℃，25 min 灭菌）过滤除菌，−20 ℃保存。

（4）Luria-Bertani（LB）培养基：酵母提取物，蛋白胨，细菌培养用琼脂，氯化钠。

（5）酶类：限制性内切酶 *Kpn* Ⅰ和 *Eco*R Ⅰ，*Taq* 酶，T4 DNA 连接酶。

（6）试剂盒：琼脂糖 DNA 凝胶回收试剂盒。

（7）质粒提取试剂：溶液Ⅰ、溶液Ⅱ、溶液Ⅲ；苯酚 / 氯仿；pH 8.0 TE 缓冲液；Gold View 核酸染料；TAE 电泳缓冲液（见附录二）。

（8）*G6PD* 扩增引物及 PCR 扩增试剂盒。

【时间安排】

第一天，教师完成：通过 PCR 反应在目的基因 *G6PD* cDNA 5′ 端和 3′ 端加上限制性内切酶酶切位点和保护碱基。学生完成：①对 PCR 产物进行琼脂糖凝胶电泳，并回收、纯化凝胶中的目的条带；②提取 pET-32a（＋）质粒；③分别对目的基因和质粒表达载体进行双酶切。

第二天，学生完成：①琼脂糖凝胶电泳检测目的基因和质粒载体的酶切产物；②回收、纯化凝胶中的目的条带；③连接目的基因与质粒载体。

第三天，学生完成：①制备大肠杆菌感受态细胞；②热激法将重组质粒转化入感受态细胞。

第四天，重组质粒的菌落 PCR 鉴定。

【实验步骤】

1. 目的基因的制备

在目的基因 *G6PD* cDNA 的 5′ 端和 3′ 端设计 PCR 反应引物，使其 5′ 端添加保护碱基 5′-ATT，*Kpn* Ⅰ酶切位点 GGTACC，3′ 端添加 *Eco*R Ⅰ酶切位点 GAATTC，保护碱基 CGG-3′。

Forward primer：5′-ATTGGTACCATGGAGCCCTGTCTTTG-3′

Reverse primer：5′-CCGGAATTCTTACTAAAACCACTGGC-3′

PCR 反应体系如表 28-1 所示。

表 28-1　PCR 反应添加酶切位点和保护碱基反应体系（25 μL）

试剂	体积（μL）
PCR Mix	22
10 μmol/L Forward primer	1
10 μmol/L Reverse primer	1
DNA	1

PCR 程序如下：预变性 95 ℃、5 min；95 ℃、35 s→55 ℃、30 s→2 ℃、30 s，共 30 个循环；最后 72 ℃、10 min。

将 PCR 产物进行 1% 的琼脂糖凝胶电泳检测，如果片段大小与目的序列相符，连入 T 载体后送生物公司测序。为保证后续双酶切的效率，经测序比对序列正确后，将含目的基因的 PCR 反应混合物进行 1% 的琼脂糖凝胶电泳，切取单一目的条带，利用琼脂糖凝胶 DNA 回收试剂盒回收 PCR 产物。

2. pET-32a（＋）质粒的提取

（1）细菌培养　将置于 −20 ℃，用 25% 甘油保存的含有 pET-32a（＋）质粒宿主菌 *E.coli* BL21 在无菌超净工作台上分别划线接种于两个含氨苄青霉素 Amp（100 mg/mL）

的LB培养皿上，用封口膜将培养皿包好后放入37 ℃恒温培养箱中培养，10 h后用无菌移液器吸头分别挑取单菌落并接种于含100 mg/mL氨苄青霉素的液体LB培养基中，37 ℃，180～200 r/min条件下震荡培养8～12 h。

（2）质粒DNA的快速提取

① 取液体培养菌液1.5 mL置2 mL离心管中，10 000 r/min离心1 min去掉上清液。加入150 μL溶液Ⅰ，充分混悬细菌，在室温下放置10 min。

② 加入200 μL新配制的溶液Ⅱ。加盖，颠倒5次使之混匀。冰上放置5 min。

③ 加150 μL预冷的溶液Ⅲ，加盖后颠倒5次混匀，冰上放置15 min。10 000 r/min离心5 min，上清液倒入另一离心管中。

④ 向上清液中加入等体积苯酚/氯仿，震荡混匀，10 000 r/min离心2 min，将上清液转移至新的离心管中。

⑤ 向上清液中加入等体积无水乙醇，混匀，室温放置2 min。10 000 r/min离心5 min，倒去上清乙醇溶液，将离心管倒扣在吸水纸上，吸干液体。

⑥ 加1 mL 70%乙醇，震荡后10 000 r/min离心1min，倒去上清液，晾干，加入20 μL TE缓冲液，使DNA完全溶解，待用。

提取完成后各取5 μL样品液进行1%琼脂糖电泳检测，其余质粒短期内置于−20 ℃保存备用。

3. 目的基因和质粒表达载体的酶切

37 ℃条件下，将提取的pET-32a（+）质粒载体和回收纯化后的含有目的基因*G6PD* cDNA的PCR产物通过限制性内切酶*Kpn* Ⅰ和*Eco*R Ⅰ作双酶切3～4 h，酶切反应体系见表28-2：

表28-2 *Kpn* Ⅰ和*Eco*R Ⅰ双酶切体系制备（50 μL）

体系组分	加入量（μL）
Plasmid（或PCR产物）	20
Kpn Ⅰ	2
*Eco*R Ⅰ	2
10×M Buffer	5
10×L Buffer	5
H_2O	16

4. DNA琼脂糖凝胶电泳

（1）制备1%的琼脂糖凝胶，对上述双酶切产物进行1%的琼脂糖凝胶电泳，切胶回收酶切后的线性DNA，−20 ℃保存备用。

（2）加样：分别取双酶切后的质粒和PCR产物各20 μL（按由左到右顺序：双酶切质粒→双酶切PCR产物→DNA Marker，各样品中加入10×上样缓冲液2 μL（DNA Marker除外），用移液器混合后取20 μL分别加入凝胶样品小槽内。

（3）电泳：加完样品后立即通电。样品进胶前，应使电流控制在20 mA，样品进胶后电压控制在60～80 V，电流为40～50 mA。当指示剂色带移动至距离胶板1～2 cm处，停止电泳。

（4）将电泳后的胶块在紫外检测仪下（254 nm）观察琼脂糖凝胶中的 DNA 条带。分析比较各样品 DNA 条带的差异。

5. 目的 DNA 的回收纯化

切取 DNA 凝胶中单一目的条带，利用 DNA 凝胶回收试剂盒回收纯化各目的基因片段。

6. 目的基因与质粒载体的连接

取双酶切反应回收纯化后的目的基因 *G6PD* 与表达质粒载体 pET-32a（＋）片段进行连接，酶连反应体系见表 28-3：

表 28-3 双酶切回收后的 *G6PD* 基因与 pET-32a（＋）的酶连反应体系（25 μL）

体系组分	加入量（μL）
目的基因 *G6PD*	6.0
酶切后的 pET-32a（＋）质粒	4.0
10× T4 Buffer	2.5
T4 DNA Ligase	2.5
H_2O	10

上述体系混匀后于 16 ℃反应条件下连接过夜，将连接产物直接转化至大肠杆菌 BL21（DE3）感受态细胞中。

7. 重组质粒转化宿主菌

（1）$CaCl_2$-$MgCl_2$ 法制备感受态细胞

① 挑取普通 LB 固体平板上复苏的大肠杆菌 BL21（DE3）单菌落转入一支含有 5 mL 普通 LB 液体培养基的无菌离心管中，置恒温摇床于 37 ℃，200 r/min 条件下培养 2～3 h，当 600 nm 的吸光值（$OD_{600\ nm}$）在 0.35～0.5 时，将培养物从培养箱取出；

② 无菌条件下吸取 1 mL 该菌液至 1.5 mL 离心管中，冰上放置 30 min；

③ 4 ℃，5000 r/min 条件下离心 5 min，弃去上清；

④ 在无菌超净台上将离心管倒置 1 min 以使最后的痕量培养基流尽；

⑤ 用 500 μL 预冷 15 min 的 0.1 mol/L $CaCl_2$-$MgCl_2$ 溶液（80 mmol/L $MgCl_2$，20 mmol/L $CaCl_2$ 的比例）重悬细胞沉淀；

⑥ 4 ℃，5000 r/min 条件下离心 10 min，弃去上清；

⑦ 在无菌超净台上将离心管倒置 1 min 以使最后的痕量培养基流尽；

⑧ 用 80 μL 预冷 15 min 的 0.1 mol/L $CaCl_2$ 溶液重悬菌体沉淀；

⑨ 将制备好的感受态细胞冰浴 8～10 h 备用。

（2）热激法将重组质粒转化至大肠杆菌感受态细胞　将重组质粒加入到 80 μL 制备好的 BL21（DE3）感受态细菌中轻轻混匀，冰上放置 30 min，于 42 ℃恒温水浴锅中热激 90 s，取出后迅速放入冰块中冰浴 5 min，在无菌条件下缓慢加入 900 μL 普通 LB 液体培养基，用移液枪轻轻混匀，37 ℃，100 r/min 条件下培养 1 h。取培养好的 BL21（DE3）菌液于 5000 r/min，4 ℃离心 3 min，弃去上清，用 100 μL 普通 LB 液体培养基重悬沉淀，取 50 μL 悬浮液涂布于含氨苄青霉素（100 mg/mL）的 LB 固体培养基平板上，37 ℃倒置培养 20 h。

8. 重组质粒的菌落 PCR 鉴定

挑取平板上的单菌落，PCR 检测目的基因是否成功连入 pET-32a（+）质粒。利用特异性扩增 *G6PD* cDNA 的 5′ 端和 3′ 端引物进行菌落 PCR。操作如下。

（1）取适量 PCR 管，置于冰上，按表 28-4 依次加入：

表 28-4　重组质粒的菌落 PCR 反应体系（10 μL）

体系组分	加入量（μL）
H_2O	4.75
10×PCR Buffer（Mg^{2+} plus）	1
dNTP	2
10 μmol/L *G6PD* cDNA Forward primer	1
10 μmol/L *G6PD* cDNA Reverse primer	1
Taq 酶	0.25

（2）用灭菌的 10 μL 小枪头轻轻挑取单菌落微量至 PCR 管中，混匀；

（3）PCR 扩增仪扩增：预变性 95 ℃，5 min；95 ℃ 35 s，56 ℃ 30 s，72 ℃ 30 s，30 个循环；72 ℃ 10 min。

（4）将扩增产物进行 1% 的琼脂糖凝胶电泳检测结果。

将菌落 PCR 检测呈阳性的单菌落接种于 1 mL 含氨苄青霉素（100 mg/mL）的 LB 液体培养基，37 ℃，200 r/min，振荡培养 2 h，取 500 μL 送生物公司测序，检测插入序列是否与原基因序列完全一致。剩余 500 μL 加入等体积的 50% 的甘油，暂时保存于 −20 ℃备用。

【注意事项】

提取质粒时，苯酚 / 氯仿抽提蛋白后，在转移上清液时避免界面蛋白的污染。

【思考题】

1. 重组转化菌的筛选方法有哪些？本实验中运用了哪些方法？

2. 重组 DNA 技术为操作 DNA 提供了技术平台，针对人基因组中的一个基因序列，如何能成功的利用大肠埃希菌表达系统将其编码产物表达出来？

3. 本实验所使用的 pET-32a（+）原核表达系统有哪些特点？

（武　静）

实验 29　小鼠 *G6PD* 的 6His 融合蛋白在大肠杆菌中的表达和纯化

【实验目的】

1. 能够阐述真核基因在原核表达的基本原则和方法。

2. 能够说出蛋白质亲和层析纯化的基本原理和方法。

【实验原理】

本实验采用大肠杆菌 pET 系统对 *G6PD* cDNA 进行原核表达。本实验的基因取自实验 28 经 RT-PCR 获得小鼠 *G6PD* cDNA 基因。大肠杆菌表达系统 pET 系列质粒载体上含有 6His 标签，目的基因插入后，使表达的目的蛋白质 G6PD 带上 6 个组氨酸的氨基酸序列，可以用金属镍（钴、锌等）离子螯合物树脂珠对该融合蛋白质进行亲和分离纯化。此外，此类载体在 6His 标签和目的蛋白之间还设计了凝血酶酶切位点，可用于纯化重组蛋白质后用凝血酶切除 6His 标签。

【实验器材与试剂】

1. 实验器材

移液器、吸头、1.5 mL 离心管（必须是透紫外光的）、掌上离心机、DNA 电泳设备、恒温水浴、已灭菌细菌培养皿、细菌培养管、恒温摇床、酒精灯、接种环、冰浴、紫外检测仪、振荡器、塑料盘、手套、摇床、照相设备、紫外灯。

2. 试剂

（1）4×SDS 电泳上样缓冲液：8%SDS、4% 巯基乙醇（或二硫苏糖醇 0.4 mol/L）、40% 甘油、0.1% 溴酚蓝、0.25 mol/L Tris-HCl，pH 6.8。

（2）普通 LB 液体培养基：称取 10 g 胰化蛋白胨（bacto-tryptone）、5 g 酵母提取物（bacto-yeast extract）、10 g NaCl，用水溶解，5 mol/L NaOH（约 0.2 mL）调节 pH 至 7.0，定容至 1000 mL。121 ℃，25 min 灭菌，冷却后 4 ℃保存。

（3）含氨苄青霉素的 LB 液体培养基：称取 10 g 胰化蛋白胨（bacto-tryptone）、5 g 酵母提取物（bacto-yeast extract）、10 g NaCl，用水溶解，5 mol/L NaOH（约 0.2 mL）调节 pH 至 7.0，定容至 1000 mL。121 ℃，25 min 灭菌，待培养基温度降至 40～50 ℃时加入氨苄青霉素（终浓度 100 μg/mL），冷却后 4 ℃保存。

（4）普通 LB 固体培养基：称取 10 g 胰化蛋白胨（bacto-tryptone）、5 g 酵母提取物（bacto-yeast extract）、10 g NaCl、15 g 琼脂（Agar），用水溶解，5 mol/L NaOH（约 0.2 mL）调节 pH 至 7.0，定容至 1000 mL。121 ℃，25 min 灭菌，待培养基温度降至 40～50 ℃时，倒入平板，冷却后 4 ℃保存。

（5）含氨苄青霉素的 LB 固体培养基：称取 10 g 胰化蛋白胨（bacto-tryptone）、5 g 酵母提取物（bacto-yeast extract）、10 g NaCl、15 g 琼脂（agar），用水溶解，5 mol/L NaOH

（约 0.2 mL）调节 pH 至 7.0，定容至 1000 mL。121 ℃，25 min 灭菌，待培养基温度降至 40～50 ℃时，加入氨苄青霉素（终浓度 100 μg/mL），倒入平板，冷却后 4 ℃保存。

（6）氨苄青霉素储存液：100 mg/mL，称取 1 g 氨苄青霉素（Na 盐），定容至 10 mL，0.22 μm 滤膜（121 ℃，25 min 灭菌）过滤除菌，−20 ℃保存。

（7）IPTG 储存液：1 mol/L，称取 2.39 g IPTG，定容至 10 mL，0.22 μm 滤膜（121 ℃，25 min 灭菌）过滤除菌，−20 ℃保存。

（8）细菌裂解液：20% 蔗糖，1 mmol/L EDTA，2 mg/mL 溶菌酶（临用前加入），30 mmol/L Tris-HCl，pH 8.0。

（9）Tris-HCl 缓冲液：50 mmol/L Tris-HCl，100 mmol/L NaCl，pH7.8。称取 6.06 g Tris base，5.84 g NaCl，用水溶解，浓 HCl 调节 pH 至 7.8，定容至 1000 mL，4 ℃保存。

（10）SDS-PAGE　1×Tris- 甘氨酸电极缓冲液：25 mmol/L Tris-HCl，250 mmol/L 甘氨酸，0.1%SDS，pH8.3。称取 3.03 g Tris base，18.77 g 甘氨酸、1 g SDS，用水溶解，浓 HCl 调节 pH 至 8.3，定容至 1000 mL，4 ℃保存。

（11）考马斯亮蓝染色液：量取 225 mL 甲酸、50 mL 冰醋酸、225 mL 去离子水，最后加入 1.25 g 考马斯亮蓝 R-250，混匀。

（12）His-Bind Resin Binding 缓冲液：4 mol/L NaCl，160 mmol/L Tris-HCl，40 mmol/L 咪唑（imidazole），pH7.9。称取 23.38 g NaCl，1.94 g Tris Base，0.27 g 咪唑，用水溶解，浓 HCl 调节 pH 至 7.9，定容至 100 mL，0.45 μm 滤膜（121 ℃，25 min 灭菌）过滤除菌，4 ℃保存。

（13）His-Bind Resin Wash 缓冲液：4 mol/L NaCl，160 mmol/L Tris-HCl，480 mmol/L 咪唑（imidazole），pH7.9。称取 23.38 g NaCl，1.94 g Tris Base，3.27 g 咪唑，用水溶解，浓 HCl 调节 pH 至 7.9，定容至 100 mL，0.45 μm 滤膜（121 ℃，25 min 灭菌）过滤除菌，4 ℃保存。

（14）His-Bind Resin Elute 缓冲液：2 mol/L NaCl，80 mmol/L Tris-HCl，4 mol/L 咪唑（imidazole），pH7.9。称取 11.69 g NaCl，0.97 g Tris Base，27.23 g 咪唑，用水溶解，浓 HCl 调节 pH 至 7.9，定容至 100 mL，0.45 μm 滤膜（121 ℃，25 min 灭菌）过滤除菌，4 ℃保存。

（15）His-Bind Resin Strip 缓冲液：2 mol/L NaCl，80 mmol/L Tris-HCl，400 mmol/L Na_2EDTA，pH7.9。称取 11.69 g NaCl，0.97 g Tris Base，13.45 g Na_2EDTA，用水溶解，浓 HCl 调节 pH 至 7.9，定容至 100 mL，0.45 μm 滤膜（121 ℃，25 min 灭菌）过滤除菌，4 ℃保存。

（16）His-Bind Resin Charge 缓冲液：400 mmol/L $NiSO_4 \cdot 6H_2O$。称取 10.51 g $NiSO_4 \cdot 6H_2O$，定容至 100 mL，0.45 μm 滤膜（121 ℃，25 min 灭菌）过滤除菌，4 ℃保存。

（17）固定液：40% 无水乙醇，10% 乙酸，临用前配制。

（18）致敏液（或敏化液）：30% 无水乙醇，6.8% 无水乙酸钠，0.2% 硫代硫酸钠，0.125% 戊二醛，临用前配制。

（19）硝酸银溶液：0.25% 硝酸银，0.015% 甲醛（临用前加入，每升加 37% 甲醛溶液 400 μL）。

（20）显色液：2.5% 碳酸钠，0.0074% 甲醛（临用前加入，每升加 37% 甲醛溶液

200 μL）。

（21）终止液：1.5%Na_2EDTA。

【时间安排】

第一天，教师完成：① IPTG 诱导；②离心培养物，收集上清液和沉淀，破碎细菌。学生完成：① His*Bind Resin 亲和纯化表达的 6His 融合蛋白质；② Bradford 法定量总蛋白质；③ 蛋白质电泳样品制备。

第二天，学生完成：① SDS-PAGE 胶的制备；② SDS-PAGE，分析亲和纯化表达的重组蛋白。

第三天，学生完成：① SDS-PAGE 胶的银染色显示，凝胶的干燥保存；② 结果分析。

【实验步骤】

1. 重组蛋白 G6PD 的小量诱导表达

比对测序结果将与目的基因序列完全一致的菌株重新划线活化培养，挑取单菌落接种于含氨苄青霉素钠的 LB 液体培养基，振荡培养至 $OD_{600\ nm}$ 在 1.0 左右，加入 20% 的甘油，保存至 −80 ℃备用。

挑取活化的单菌落接种于 2 mL 含氨苄青霉素的 LB 液体培养基中，37 ℃振荡培养至 OD_{600}≈0.6 左右，取出 1 mL 菌液作为电泳检测时的阴性对照，在剩余菌液中加入 100 mmol/L 的 IPTG 至终浓度 0.4 mmol/L，28 ℃继续培养 3 h。将以上 2 mL 培养物置冰上预冷 30 min；4 ℃，5000 r/min，离心 5 min，收集沉淀；加入适量的 4× 还原性电泳上样缓冲液，沸水浴 5 min，5000 r/min，离心 2 min；取上清 20 μL 进行 10%SDS-PAGE 电泳，检测诱导结果，判断 IPTG 是否能诱导重组蛋白表达。

2. 重组蛋白 G6PD 的可溶性分析

按上述方法扩大培养 10 mL，4 ℃，10 000 r/min，离心 15 min，收集已诱导的菌体。裂解细菌可用细菌裂解液或超声波破碎，此处采用细菌裂解液，加入 0.5 mL 细菌裂解液，用移液器反复吹打细菌沉淀使之充分悬浮于裂解液中，室温放置 10 min 后于 4 ℃，15 000 r/min 离心 10 min，收集上清，沉淀用 0.4 mL 裂解液重悬，4 ℃保存备用。

上述上清液和沉淀各取 20 μL，加入适量的 4× 还原性电泳上样缓冲液，沸水浴 5 min，5000 r/min，离心 2 min，取上清 20 μL 进行 10% 的 SDS-PAGE 电泳，检验 G6PD 表达蛋白的可溶性。SDS-PAGE 电泳后，根据目的蛋白的位置（上清或沉淀）可判断重组蛋白的可溶性或包涵体形式表达。

包涵体是外源基因在原核细胞中表达时，尤其在大肠杆菌中高效表达时，形成的由膜包裹的高密度、不溶性蛋白质颗粒。显微镜下的包涵体为高折射区，与胞质中其他成分有明显区别。包涵体形成是比较复杂的，与胞质内蛋白质生成速率有关，新生成的多肽浓度较高，无充足的时间进行折叠，从而形成非结晶、无定形的蛋白质聚集体；此外，包涵体的形成还被认为与宿主菌的培养条件，如培养基成分、温度、pH、离子强度等因素有关。细胞中的生物学活性蛋白质常以可溶性或分子复合物的形式存在，功能性的蛋白质总是折叠成特定的三维结构型。包涵体内的蛋白是非折叠状态的聚集体，不具有生物学活性。

3. 重组蛋白质诱导表达条件的优化

为使重组蛋白得到高效表达，对表达菌株的表达条件进行优化以寻求最佳表达条件。

（1）诱导温度优化　挑取活化的单菌落接种于4 mL含氨苄青霉素的LB液体培养基中，37 ℃振荡培养至OD_{600}≈0.6，摇匀，分装至1.5 mL的离心管中，每管1 mL，加入100 mmol/L的IPTG至终浓度为0.4 mmol/L，诱导温度分别为4 ℃、18 ℃、28 ℃、37 ℃，诱导3 h。将诱导物浓缩10倍取10 μL，10%SDS-PAGE电泳检测诱导结果。

（2）IPTG的浓度的优化　诱导步骤同上，诱导温度为28 ℃，IPTG的终浓度分别为0.1 mmol/L，0.2 mmol/L，0.4 mmol/L，0.8 mmol/L，诱导3 h。将培养物浓缩10倍取10 μL，10%SDS-PAGE电泳检测诱导结果。

（3）诱导时间的优化　诱导步骤同上，诱导温度设为28 ℃，IPTG的终浓度为0.4 mmol/L，诱导时间分别为0、2 h、3 h和4 h，将培养物浓缩10倍取10 μL，10%SDS-PAGE电泳检测诱导结果。

4. 重组蛋白G6PD的分离纯化

重组蛋白质中成串组氨酸残基（一般6个组氨酸残基相连）可以与金属镍螯合物特异结合，这一特性目前常常被用来进行重组蛋白质的纯化。

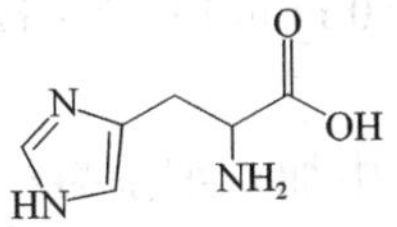

组氨酸（histidine）

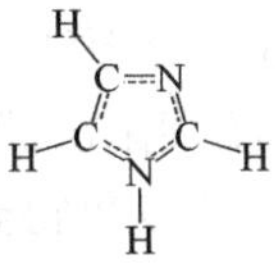

咪唑（imidazole）

此类蛋白质纯化技术属于固化金属离子亲和层析（immobilized-metal affinity chromatography，IMAC），利用组氨酸残基中所含的串联咪唑基团与固化金属离子可以螯合形成配位键的特性纯化重组蛋白，先通过固化于基质（常用为琼脂糖）的金属离子及其载体与带有6His标签重组蛋白结合，无6His标签的蛋白理论上不与之结合，经洗脱液洗脱非特异性亲和蛋白质后，再用高浓度咪唑溶液将带有6His标签重组蛋白从其结合的基质上洗脱下来，达到分离、纯化重组蛋白质的目的。

本实验使用的pET-32a（＋）质粒含有6His标签，使表达的目的蛋白质G6PD带上6个组氨酸的氨基酸序列，可以用金属镍（钴、锌等）离子螯合物树脂珠对这种融合蛋白质进行亲和分离纯化（图29-1）；并且，此类载体在6His标签和目的蛋白之间还设计了凝血酶酶切位点，可用于纯化重组蛋白质后用凝血酶切除6His标签。

原核表达重组蛋白质纯化，根据重组蛋白质变性与否可分为：非变性纯化（native conditions）和变性纯化（denaturing conditions）；按操作的方法可分为：批纯化（batch purification）和柱纯化（column purification）。本次纯化原核表达重组G6PD实验采用非变性、小量批纯化的方法进行操作。

（1）重组蛋白的诱导表达

① 教师完成：挑取阳性克隆菌落于10 mL含氨苄青霉素LB液体培养基中，150～200 r/min，37 ℃，过夜培养；次日，取5 mL菌液转移至100 mL新鲜含氨苄青霉素液体LB培养基中继续以相同条件培养，剩余菌液取1 mL至一洁净EP管中，标记为：未诱导，置4 ℃冰箱保存备用。用于扩大培养的细菌，一般1 h后可生长至$OD_{600\ nm}$为0.5～0.6，此时加入诱导剂IPTG至终浓度0.8 mmol/L，28 ℃，继续培养3 h。

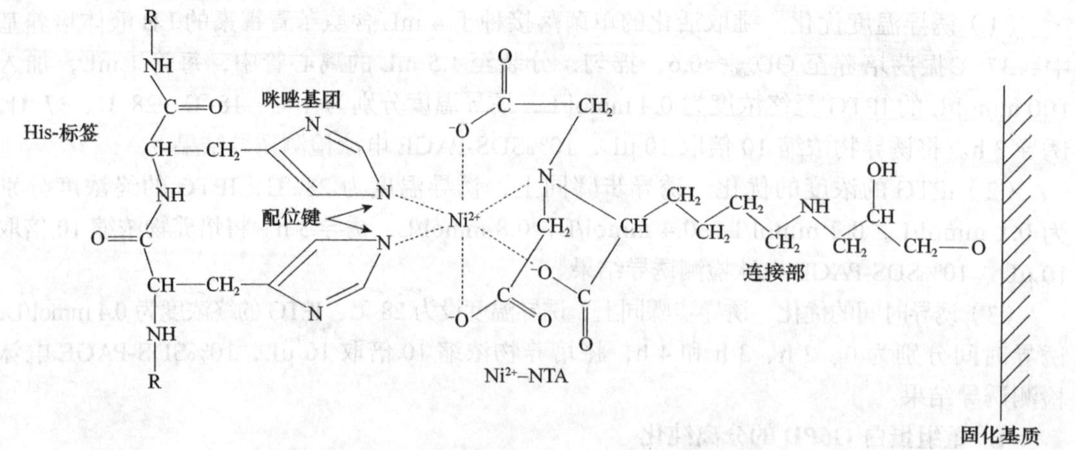

图 29-1　6His 标签重组蛋白与 Ni^{2+}-NTA 树脂结合示意图

② 教师完成：收集细菌沉淀，将 IPTG 诱导的细菌培养液于 4 ℃，冷冻高速离心机，10 000 r/min，离心 10 min，弃上清，用 pH 7.8，50 mmol/L Tris-HCl 缓冲液清洗菌体后重复上述离心操作一次，收集细菌沉淀。

③ 教师完成：向上一步收集得到的细菌沉淀中加入细菌裂解液，用移液器反复吹打细菌沉淀使之充分悬浮于裂解液中，室温放置 10 min 后于 4 ℃，15 000 r/min 离心 10 min，分别收集沉淀和上清，4 ℃保存备用。取 1 mL 上清至一洁净 EP 管，标记为：诱导，所得上清液即为细菌总蛋白溶液，从“诱导”管取 50 μL 至另一洁净 EP 管中标记为 2 号样品，作为蛋白质定量和电泳样品；前述①中标记为“未诱导”管操作与此相同，标记为：1 号样品。以上所得样品均于 4 ℃冰箱保存。

（2）重组蛋白的亲和层析

① His*Bind Resin 预处理：临用前，取 1 支新的 1.5 mL 离心管，将 His*Bind Resin 瓶轻轻振摇悬浮 His*Bind Resin 颗粒，将一个 200 μL 移液吸头尖剪去 0.5 cm，向上述管子中各移入 100 μL 的 His*Bind Resin 悬液，3000 r/min 离心 1 min，吸去上清。柱体积：50 μL。

按以下条件进行清洗、上载镍离子、平衡，每次进行 His*Bind Resin 悬浮，放置 2 min，离心去上清：250 μL 蒸馏水清洗,2 次；250 μL Charge Buffer（离子化缓冲液）上载镍离子，2 次；250 μL Binding Buffer（结合缓冲液）平衡，2 次。注意：每次去除上清时，需要使用 200 μL 移液器操作，并且小心避免吸走 His*Bind Resin 颗粒。如果所购买 His*Bind Resin 为已经与镍离子螯合则无须上述操作，只需 250 μL Binding Buffer 平衡两次即可。

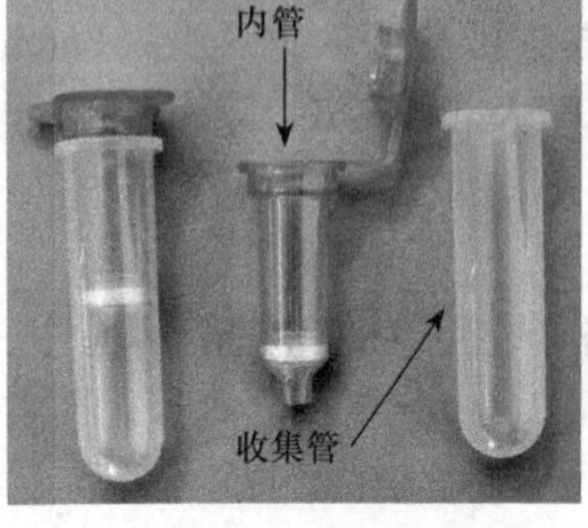

图 29-2　小量重组蛋白纯化用离心套管

② 6His 融合蛋白的纯化：将步骤（2）①中平衡好的 His*Bind Resin 颗粒小心转移至内管，然后将内管放入收集管，5000 r/min 离心 1 min，弃收集管内液体（图 29-2）；向 His*Bind Resin 沉淀（内管）加 200 μL Wash Buffer（漂洗缓冲液）5000 r/min 离心 1 min 清洗 2 遍；将操作（1）③中所得“诱导”管样品转移至内管中，盖紧盖子，室温下颠倒混匀 10 min，使 His*Bind Resin 充分与目的蛋白结合；

组装好套管，5000 r/min 离心 1 min，将收集管内液体（穿柱液）转移至另一洁净 EP 管中，标记为：3 号样品。向内管加 500 μL Wash Buffer 颠倒混匀管内 His*Bind Resin 1 min，5000 r/min 离心 1 min；将收集管内液体（第一次洗脱非特异亲和蛋白）转移至另一洁净 EP 管中，标记为：4 号样品，再重复该操作两次，所得液体依次标记为：5 号样品、6 号样品。向内管加 50 μL Elute Buffer（洗脱液）颠倒 2 min 将管内 His*Bind Resin 混匀，将内管放入另一洁净 1.5 mL EP 管内，室温 5000 r/min 离心 1 min，所得洗脱液体即为纯化的重组蛋白，标记为：7 号样品。

除了非变性、小量批纯化重组蛋白外，也可采用非变性、柱纯化的方法分离纯化重组蛋白，方法如下。

（1）按照亲和胶 Ni-NTA His resin 的说明书装柱。

（2）分别用 5～10 倍柱体积离子水清洗亲和柱。

（3）用 5～10 倍柱体积 Charge Buffer 洗至亲和胶呈明显的蓝色。

（4）用 5～10 倍柱体积的 Binding Buffer 洗涤亲和柱。

（5）按每小时 10 mL 样品的流速上样，上样总量约为 3 mg/mL 胶（按 1 $OD_{280\ nm}$≈1 mg 计）。

（6）用 5～10 倍的柱体积 Wash Buffer 洗涤亲和柱。

（7）用 Elute Buffer 洗脱样品至 OD_{280}＜0.01，洗脱流速 1 mL/10 min。收集洗脱液以备电泳检测样品亲和情况。

（8）用 Strip Buffer（再生缓冲液）洗涤亲和柱至亲和胶蓝色褪去，将亲和柱用适量的 Strip Buffer 浸泡封存。

5. SDS-PAGE 分析蛋白质的表达和纯化

（1）定量：取 1 号样品和 2 号样品依实验 1 中 Bradford 法测定两样品的蛋白质含量。

（2）制胶：压缩胶 5%，分离胶 10%，请参照实验 19。

（3）电泳样品制备：1 号样品和 2 号样品，取 40 μg，根据样品体积加入相应的 4×SDS-PAGE Loading buffer（上样缓冲液），3～7 号样品取样量与 2 号样品等体积，与 SDS-PAGE Loading buffer 混匀后沸水浴加热 10 min。

例：如果 2 号样品测得浓度为 4 μg/μL 则 40 μg 的 2 号样品应取 10 μL，SDS-PAGE Loading buffer 的加入量约为 3.5 μL，3～7 号样品取样量均为 10 μL，SDS-PAGE Loading buffer 的加入量也均为 3.5 μL。

（4）上样及电泳：从 1～7 号依次上样以及 5～10 μL 蛋白质分子质量标准（marker）进行上样和电泳。记录样品顺序，以 46 V（16 cm 长的 10% 胶）电压电泳过夜。

6. 表达纯化蛋白质的电泳胶银染色显示

（注意：进行任何操作时，手都不可以触及胶面，必须戴手套，只能接触凝胶溴酚蓝前沿部分，避免手指纹污染蛋白质胶面，同时尽量避免操作不当致凝胶破损。）

（1）固定：待电泳完毕，关闭电源，断开连接导线；倾去电极液，小心剥胶，尽量保证分离胶的完整，在盛胶器物内加 50 mL 双蒸水快速漂洗 30 s，加入 5 体积以上的银染固定液（silver staining fixing solution）振摇 30 min，速度以胶块略微浮起为好。

（2）致敏：去除固定液，用 5 倍体积的致敏液（sensitizing solution）浸泡凝胶，振摇

30 min。

（3）漂洗：去除致敏液，加入 5 倍体积的双蒸水，振摇 5 min，去除液体后重复漂洗 2 次。

（4）染色：去除双蒸水，加入 5 倍体积银染液（silver solution），振摇 20 min，注意避光，此步骤操作过程中应尽量避免皮肤接触硝酸银溶液，如不慎有硝酸银溶液溅洒到皮肤上应立刻用自来水冲洗。

（5）显色：加入 5 倍体积显色液（developing solution），振摇 3～5 min 至胶块中色带清楚，而背景略呈淡黄色。

（6）终止：立即倾去显色液体，加入 5 倍体积 Stopping solution 终止反应。照相、扫描或干胶保存结果。

【注意事项】

在重组蛋白纯化过程中，阳性克隆细菌的扩大培养、IPTG 诱导重组蛋白表达、细菌破碎后总蛋白溶液的制备及 His*Bind Resin 预处理需由实验室老师提前准备完成。

【实验结果】

1. 根据 SDS-PAGE 考马斯亮蓝染色结果分析重组蛋白 G6PD 的可溶性。

2. 根据银染结果，比较说明亲和层析纯化蛋白质的效率。

【思考题】

为什么亲和纯化方法的效率高？以 6His 融合蛋白的纯化来说明其基本过程。

（武　静，狄　勇）

实验 30　6His-G6PD 融合蛋白的 Western Blot 分析

【实验目的】

1. 能够阐述蛋白质印迹分析的基本原理和方法。

2. 能够解释一抗和二抗选用的原则。

【实验原理】

蛋白质印迹分析（Western blotting）是分子生物学常用技术，其基本过程为：制备待检测蛋白质样品，经过 SDS-PAGE 分离（参见实验 19），再将电泳胶转印到硝酸纤维素膜或 PVDF 膜上，蛋白质在转印膜上的分布与其在电泳胶中的分布一致，最后使用抗待检测目标蛋白质的抗体（一抗）与膜上的目标蛋白质通过抗原抗体特异反应结合，经过显示比较，对待检测目标蛋白质进行定性和半定量分析。

蛋白质印迹分析的显示方法主要有放射性同位素标记法（如基于 ^{125}I 标记抗体的放射自显影），酶标呈色反应法（如辣根过氧化物酶和碱性磷酸酶催化的呈色反应），以及酶标增强化学发光反应法（辣根过氧化物酶和碱性磷酸酶催化的化学发光反应）酶标增强化学发光反应法具有检测灵敏度高、无放射性污染和耗时短的优点，成为实验室的首选方法。标记可直接标记第一抗体（抗待测目标蛋白质的抗体），但为了方便，多采用标记第二抗体（抗第一抗体的抗体），这样既可减少标记工作量，又可避免第一抗体在标记过程中的损耗。

【实验器材与试剂】

1. 实验器材

垂直板电泳装置、电泳电源、移液器及吸头、刀片、1.5 mL 离心管、烧杯、量筒、吸量管、上样梳、手套、95 ℃加热器或水浴、金属压舌板、电动摇床、染色脱色塑料盒、30～37 ℃水浴或温箱、成套电转移装置、转移用大电流电源、滤纸、硝酸纤维素膜、塑料盘、剪刀、电动摇床、染色脱色塑料盒、镊子。

2. 试剂

（1）分离胶缓冲液、压缩胶缓冲液、40% 丙烯酰胺胶液、4× SDS 电泳上样液、10% 过硫酸铵、SDS-PAGE 电泳电极液、TBS 缓冲液（见附录二）。

（2）转移电泳缓冲液（5 L）：12.1 g Tris，56.25 g 甘氨酸，1000 mL 甲醇，加蒸馏水至 5 L（4 ℃预冷）。

（3）封闭液：0.9%NaCl，0.05%Tween 20，5% 脱脂奶粉，10 mmol/L Tris-HCl，pH 7.5。

（4）漂洗液：150 mmol/L NaCl，3 mmol/L EDTA，0.05%Tween 20，50 mmol/L Tris-HCl，pH 7.5。

（5）显色液（临用前配制）：量取 30 mg 氯萘酚，溶入 10 mL 甲醇，再加入 50 mL

TBS 立即混匀，加入 20 μL 过氧化氢立即使用。

（6）其他：预染蛋白分子质量标准物、凡士林、实验 29 所得带有 6His 标签的重组 G6PD 蛋白、小鼠抗 His-tag 抗体、相应的辣根过氧化物酶标记第二抗体、TEMED。

【时间安排】

第一天：① SDS-PAGE 胶制备；② 蛋白质电泳样品制备；③ SDS-PAGE。

第二天：① 转移操作与转移电泳；② 蛋白质胶的考马斯亮蓝染色、脱色；③ 转印膜封闭处理，加一抗 4 ℃过夜。

第三天：① 转印膜漂洗，与酶标二抗温浴；② 转印膜漂洗、显示；③ 结果分析。

【实验步骤】

1. SDS-PAGE 电泳

（1）制胶：参照实验 19 相关内容进行凝胶制备，压缩胶 5%，分离胶 10%。

（2）制样：样品采用实验 29 中所得到的带有 6His 标签的重组 G6PD 蛋白，采用考马斯亮蓝染色法（Bradford method）进行蛋白质浓度测定。按测定重组蛋白浓度，准备两支 1.5 mL 离心管，小胶上样取 50 μg 和 10 μg。

例：如果测得 G6PD 重组蛋白质含量为 10 μg/μL，则 50 μg 样品管需取 5 μL，10 μg 样品管取 1 μL，体积量小取样时误差较大，如将该样品稀释 2 倍则浓度变为 5 μg/μL，则 50 μg 样品管需取稀释后的样品 10 μL，10 μg 样品管取 2 μL，再向 10 μg 样品管内补加生理盐水或 PBS 8 μL，使两样品管等体积，再向每个样品管内加约 4 μL 4× SDS-PAGE 电泳上样液（loading buffer）。此法制备样品可确保两个样品中盐离子的浓度相等，电泳过程中可避免泳道与泳道之间由于盐离子浓度不同而导致的电泳条带宽窄不一，盖紧管盖于 95 ℃加热 10 min。

（3）上样：将制备好的蛋白质样品用移液器全部加入凝胶上样井中，上样的顺序以小胶为例：带有 6His 标签的重组 G6PD 蛋白 50 μg、带有 6His 标签的重组 G6PD 蛋白 10 μg 样品。留出一上样井加蛋白分子质量标准（Marker）。

2. 电转移

实验室常用的有湿转和半干转两种方法。

（1）湿转

① 准备两个可以容纳转移夹的塑料盘，盛上电转移缓冲液，然后按顺序浸入多孔垫网（敲击驱除兜入其中的任何气泡），浸泡两张转膜专用滤纸或普通滤纸 5 层左右（与垫网同大）和硝酸纤维素膜（图 30-1 A）。

② 剥胶和切胶：凝胶剥出后浸泡于转膜缓冲液中切胶，根据预染 Marker 切取凝胶。

③ 组装转膜架子：在转移夹的其中一边依次铺上：转膜滤网、转膜滤纸、硝酸纤维膜、凝胶、转膜滤纸、转膜滤网，合上转膜夹子，组装成“三明治”样结构，组装过程注意赶走每一层之间的气泡，硝酸纤维膜对正极，凝胶对负极，放入转膜支架（图 30-1 B）。

④ 电泳转膜：将转膜支架放入转膜槽中，加入转膜液至淹没转膜滤纸，通电，设恒流输出电流为：100 mA，视目的蛋白分子质量大小，通电 1～2 h（图 30-1 C）。

（2）半干转移法

① 准备两个洁净塑料盘或直径 18 cm 的大培养皿，以少量转膜缓冲液浸泡转膜滤纸

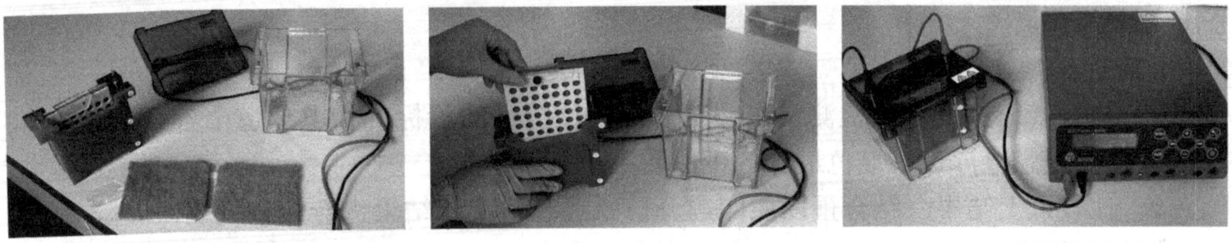

（A）　（B）　（C）

图 30-1　湿转电泳槽及其组装

和硝酸纤维素膜。

② 剥胶与切胶：与湿转法相同。

③ 组装半干转膜仪：打开转膜仪盖子，取预先浸泡的转膜滤纸（湿润但无转膜液滴出）铺于转膜仪上，用粗玻棒或刻度吸量管在转膜滤纸上擀压赶走气泡，再依次铺上：浸泡好的硝酸纤维膜、凝胶、转膜滤纸，每步均需赶走气泡。小心盖上转膜仪负极盖子（下方为光亮金属面），固定好四个边角，再盖上转膜仪塑料盖子（图 30-2）。

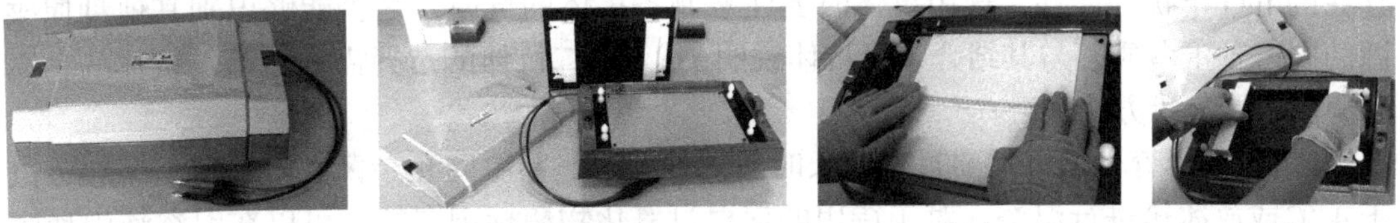

（A）　（B）　（C）

图 30-2　半干转膜仪及其组装

④ 电泳转膜：通电，设恒压为：15～25 V，视目的蛋白分子质量大小，通电 0.5～1 h。

3. 凝胶考马斯亮蓝染色

另一块凝胶剥下后，用蒸馏水稍作漂洗，弃蒸馏水，以考马斯亮蓝 R 250 染色观察电泳条带。

4. 免疫反应

将蛋白转印膜浸入漂洗缓冲液中 2 min，去除漂洗液；加入封闭液（以刚刚没过膜表面为宜，或按 0.3 mL 封闭液 /cm^2 蛋白转印膜），于室温下振摇 30～60 min；按抗体说明书加入适量抗体（本实验用小鼠抗 His-tag 抗体），也可以更换封闭液后再加抗体，于 37 ℃恒温振摇 1～2 h 或 4 ℃振摇过夜；如果需要使用第二抗体（大多数情况如此），去除含第一抗体的封闭液，用漂洗液漂洗蛋白转印膜 3 遍，每遍加 20～30 mL 漂洗液，振摇 5 min。再加入原体积的封闭液和抗第一抗体的酶标第二抗体（本实验采用辣根过氧化物酶标记第二抗体），一般加入量在 1∶200 至 1∶1000 的范围内，于 25～37 ℃振摇保温 1～2 h。

5. 显色检测

根据酶标抗体标记用酶选用适当的显示方法。本实验采用辣根过氧化物酶标记第二抗体，采用氯萘酚呈色显示方法。倾去含酶标抗体的封闭液，用 TBS 漂洗蛋白转印膜 3 遍，每次振摇漂洗 5 min；最后倾去 TBS 液后，加入显色液，轻轻振摇至显色深度不再增加；倾去显色液，加入水漂洗 2 遍终止显色，将转印膜移到滤纸上干燥保存或照相或者扫描记录结果。

【实验结果】

1．根据转印膜的免疫检测结果，对照蛋白质分子质量标准物电泳道中各蛋白区带的分子质量，记录电泳道中显色最深的蛋白质区带分子质量。

2．比较以上结果，结合蛋白质印迹分析原理，对实验结果进行解释说明。

【注意事项】

1．抗体的选用：利用蛋白质印迹分析方法的先决条件是必须有抗待测目标蛋白的特异抗体（一抗）。由于蛋白质印迹的实验过程中，蛋白质已经发生了变性，因而首选的一抗应该是识别蛋白质分子中的特异、连续的氨基酸序列的抗体，但对于易于复性的蛋白质也可以选用识别蛋白质特定三级体结构的抗体。

抗体有单克隆抗体（monoclonal antibody）和多克隆抗体（polyclonal antibody）之分。单克隆抗体一般通过杂交瘤技术筛选，种属来源多为小鼠，其特异性较高而检测的灵敏度较低；多克隆抗体来源于抗血清，种属来源多为兔。所以选抗体要注意种属来源，抗目标蛋白抗体的种属来源应该与待分析蛋白质样品的种属来源不同，以避免蛋白样品中存在的IgG干扰。此外，选用抗体时要注意制备抗体的抗原，是否能够识别其他种属来源的同一种蛋白质并与其结合（见抗体说明书）。第二抗体的选择需针对第一抗体的种属来源和检测显示方法进行。

2．过夜孵育：如果需要过夜、长时间抗体孵育，需要防止杂菌大量繁殖。一般可以于4 ℃或放冰箱进行温浴。对于待用的辣根过氧化物酶标记二抗，可以在温浴液中加防腐剂硫柳汞至终浓度为0.05%。

【思考题】

1．一般科研工作实践中，转印膜都需要进行染色和记录结果，并且与最终的Western blot结果进行对照。你认为这有必要吗？为什么？

2．蛋白质印迹分析能否用于直接检测未知蛋白质？为什么？

3．如果某一蛋白质的存在量足以用染色法直接显示，是否仍然有必要应用操作较为烦琐的蛋白质印迹实验？为什么？

（狄　勇　武　静）

实验 31　免疫共沉淀 G6PD 相互作用蛋白质

【实验目的】

1. 能够解释免疫共沉淀的技术原理，并能够叙述其在分子生物学研究中的应用。
2. 能够合理应用分子生物学实验中的一些常用实验技术。
3. 能够应用具体的实验技术解决研究中的实际问题。
4. 能够感受蛋白质相互作用技术的优缺点及其不同的应用范围。
5. 能够认同多方实验结果实证研究假设的科学必要性。

实验 31～34 是系列实验，以 G6PD 免疫共沉淀（co-immunoprecipitation，Co-IP）捕获与其相互作用蛋白为主线的系列实验，然后对免疫共沉淀物进行 G6PD K_m、比活性测定，并用等点聚焦（isoelectric focusing，IEF）和 SDS-PAGE 两种电泳技术检测免疫共沉淀复合物（图 31-1），比较两种电泳方法电泳条带的差异，初步判断捕获与 G6PD 相互作用蛋白质的数量。

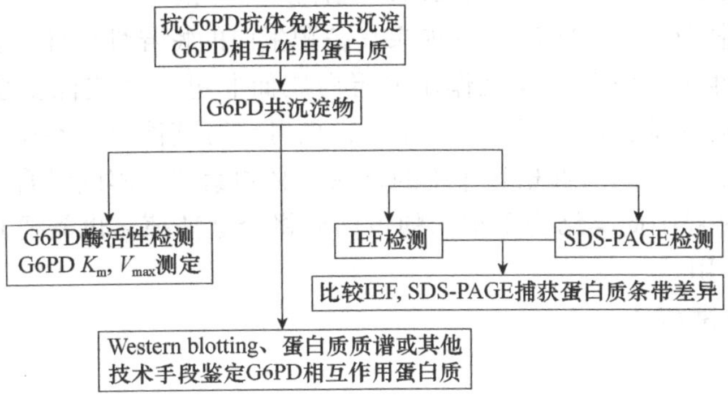

图 31-1　免疫共沉淀 G6PD 相互作用蛋白实验流程图

【实验原理】

免疫共沉淀是基于免疫沉淀技术发展而来的一种研究体外蛋白质 - 蛋白质相互作用的分子生物学技术。免疫共沉淀实验中选择已知靶蛋白的特异性抗体，通过此抗体与靶蛋白的特异性结合来沉淀靶蛋白和与之相互作用的蛋白质。在混合的蛋白质溶液中将抗体 - 靶蛋白 - 相互作用蛋白质复合物沉淀下来，一般需利用固化于琼脂糖树脂的蛋白 A（Protein A）或蛋白 G。Protein A 能与免疫球蛋白抗体的 Fc 段发生特异性的结合，进而通过离心或带有磁性的免疫磁珠将抗体 - 靶蛋白 - 相互作用蛋白质复合物从混合蛋白质溶液中沉淀下来（图 31-2）。

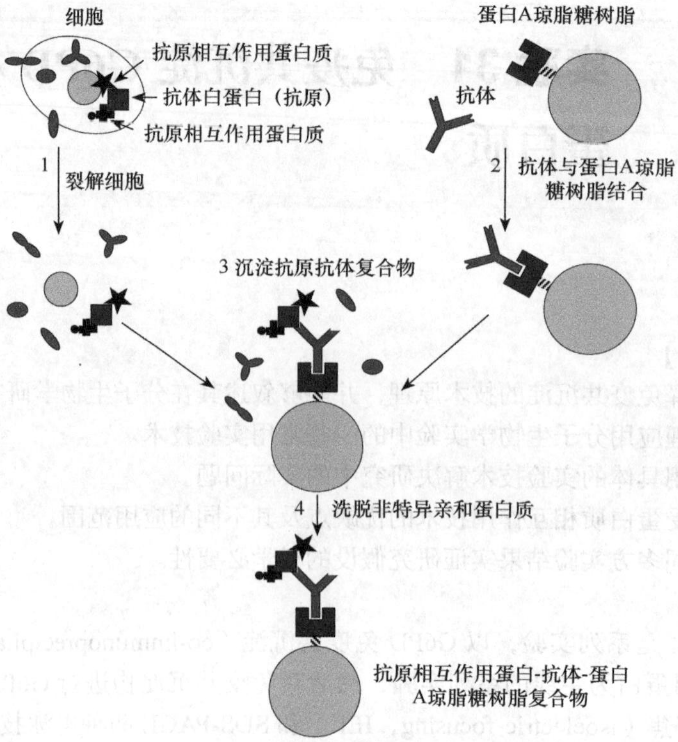

图 31-2 免疫共沉淀原理示意图

本实验以 G6PD 为靶蛋白，经抗 G6PD 抗体从混合蛋白质溶液中将与 G6PD 相互作用蛋白质沉淀并进行检测。Co-IP 实验如果具备靶蛋白的特异性抗体，操作相对简便，最适用于鉴定内源性表达的两种相互作用的蛋白质而非过表达或标签蛋白。此法的缺陷是：① 两种蛋白质的结合可能不是直接结合，而可能有其他分子在中间起桥梁作用，则需其他实验辅助确认；② 两种相互作用的蛋白质必须紧密、牢固结合才可能被检测，否则在严苛的洗脱过程中此类结合不牢固的蛋白质将会被洗掉，也需要其他的实验方法来验证两者的相互作用。

【实验器材与试剂】

1. 实验仪器

微量移液器、低温高速离心机、摇床等。

2. 试剂

（1）冰冷 PBS。

（2）非变性细胞裂解液：1%Triton X-100，50 mmol/L Tris · HCl pH7.4，300 mmol/L NaCl，5 mmol/L EDTA，0.02% 叠氮钠，临用前添加 10 mmol/L 碘乙酰胺，1 mmol/L PMSF，2 mg/mL 亮肽素（leupeptin）。

（3）Wash buffer：1%Triton X-100、50 mmol/L Tris · HCl pH7.4、300 mmol/L NaCl、5 mmol/L EDTA，0.02% 叠氮钠。

（4）鼠源性单克隆抗人 G6PD 抗体。

（5）Protein A 树脂。

（6）10%BSA。

【实验步骤】

1. 裂解液的制备

即含有抗原蛋白质溶液的制备，本法以培养的哺乳动物细胞为例。

（1）细胞裂解液的制备：5 min，400 *g*，4 ℃离心收集细胞［一般（0.5～2）×10^7 为宜］，弃尽培养液，加 1 mL PBS（4 ℃或冰冷），移液器轻轻吹打重悬细胞，5 min，400 *g*，4 ℃离心收沉降细胞，弃尽 PBS，再重复 PBS 清洗细胞一次。

（2）加 1 mL 冰上预冷的非变性裂解液，移液器轻轻吹打重悬细胞至所有细胞均匀分散于裂解液中（无细胞团块或细胞沉淀），颠倒混匀数次，置冰上 15～30 min 后，将 EP 管转移至离心机 16 000 *g*，4 ℃，15 min 离心沉淀细胞碎片。*注：颠倒混匀或移液器吹打悬浮时不宜力度过大，用力过度裂解液会起泡导致部分蛋白质变性，如果使用漩涡震荡仪应调节至中速或低速，时间不宜超过 3 s。*

（3）离心后转移上清液至另一洁净 EP 管中，转移上清液时取沉淀物 2～3 mm 以上的液体，避免枪头碰触到沉淀物，液体表面有时会出现云状脂类悬浮物，此类物质对后续的实验无不良影响。转移出的上清液（细胞裂解液）置冰上备用。*注：此指导斜体字部分为后续 G6PD 酶活性检测及电泳实验样品准备标识，此处取 20 μL 细胞裂解液至一洁净 EP 管内并标记为 1 号样品。*

2. 抗体与 Protein A 树脂的连接

（1）于 1.5 mL 锥形底 EP 管内依次加入：30 μL 50%Protein A 树脂，0.5 mL 冰冷 PBS，1 μg 单克隆抗体；设置非特异性亲和对照管：操作方法同前述但不加抗体（如果条件允许可以加与目的抗原无关的抗体作为抗体特异性的对照，后续操作同实验管），作为 Protein A 树脂非特异性亲和对照管（后续实验步骤操作方法实验管与对照管相同）。

（2）充分混悬 Protein A 树脂，PBS，抗体混合液，注意保持 4 ℃低温，如有条件可将 EP 管置 4 ℃ 翻转摇床至少 1 h（此步可加入 Triton X-100 至终浓度 0.01%，有助于混合物悬浮于液体中，在 4 ℃条件下此过程最长可达 24 h）。

（3）10 000 *g*，4 ℃，15 s，离心收集 Protein A 树脂和抗体复合物，弃尽上清液，避免枪头接触沉淀物。

（4）加 1 mL 非变性裂解液重悬 Protein A 树脂 - 抗体复合物，颠倒混匀 3～4 次后 10 000 *g*，4 ℃，15 s，离心收集 Protein A 树脂 - 抗体复合物，弃尽上清液，避免枪头接触沉淀物，再重复操作此步骤 1 次，置冰上备用。

3. 抗体捕获抗原及相互作用蛋白质

（1）向 Protein A 树脂 - 抗体管和对照管中（操作 7）分别加 10 μL 10%BSA，轻摇混匀后再向每个管内加 0.5 mL 冰上预冷细胞裂解液，后续操作步骤实验管与对照管相同，盖紧管盖置 4 ℃翻转摇床低速振摇 1 h 以上。

（2）10 000 *g*，4 ℃，15 s，离心收集 Protein A 树脂 - 抗体 - 抗原复合物，弃尽上清液，避免枪头接触沉淀物（*此步骤取 40 μL 上清液至一洁净 EP 管内并标记为 2 号样品*）。

（3）加 1 mL 冰上预冷 Wash buffer 重悬 Protein A 树脂 - 抗体 - 抗原复合物，颠倒混匀 3～4 次，务必使 Protein A 树脂完全悬浮于 Wash buffer 中，10 000 *g*，4 ℃，15 s，离心收集 Protein A 树脂 - 抗体 - 抗原复合物，弃尽上清液，避免枪头接触沉淀物，再重复操作此步骤 3 次，每次离心收集前冰上静置 3～5 min。

（4）加 1 mL PBS 重悬 Protein A 树脂 - 抗体 - 抗原复合物，颠倒混匀 3～4 次，务必使 Protein A 树脂完全悬浮于 PBS 中，10 000 *g*，4 ℃，15 s，离心收集 Protein A 树脂 - 抗体 - 抗原复合物，弃尽上清液，避免枪头接触沉淀物（*此步骤取 40 μL 上清液至一洁净 EP 管内并标记为 3 号样品*）。

（5）所得沉淀物置冰上备用，此沉淀物可用于后续 G6PD 活性检测，等电聚焦、SDS-PAGE 或 Western blot 检测 G6PD 相互作用蛋白质。等电聚焦检测 G6PD 相互作用蛋白质还需经过脱盐处理，本次 IEF 样品脱盐处理见实验 33 样品处理（*此步骤所得免疫沉淀复合物，实验管全部标记为 4 号样品，空白管全部标记为 5 号样品，实验管样品：2 支用作 G6PD 酶活性检测，1 支用于等电聚焦，1 支用于 SDS-PAGE 检测，4 支空白管与之对应使用*）。

注：由于本次实验课程安排时间上的不连续，每份样品在弃尽 PBS 后，每个管内加 40 μL 50% 甘油，充分混匀后置 −20 ℃冰箱中保存备用。

【实验结果】

本实验共得到用于后续实验的 1～5 号样品。请同学在实验报告中（或实验记录）列表并标注其在后续实验中的用途。

【注意事项】

实验过程中注意让各管样品始终保持 4 ℃低温，转移上清液时避免吸走 Protein A 树脂。

【思考题】

1．免疫共沉淀所得相互作用蛋白质是否可绝对确认两者的相互作用，还有哪些技术可以进一步确证两者是直接作用还是间接作用？

2．在本实验操作 8 中加入 10%BSA、操作 10 中加 Wash buffer 在冰上放置 3～5 min 的目的分别是什么？

3．在本实验中我们采用了先将抗体与 Protein A 树脂亲和后再与细胞裂解液中的 G6PD 结合（即捕获 G6PD 及其相互作用蛋白质）；亦可先将 G6PD 抗体与 G6PD 及其相互作用蛋白质在裂解液中结合，再用 Protein A 树脂将其沉淀，请解释这两种方法的优缺点。

（狄　勇）

实验 32　G6PD 表观 K_m 值及比活性测定

【实验目的】

1．能够使用双倒数作图法测定酶的 K_m 值和 V_m 值。

2．能够应用双倒数作图法计算抑制剂、激活剂对酶促反应 K_m 值和 V_m 值的影响。

3．能够应用酶促反应动力学原理定量推算酶活性的变化。

4．能够感受酶促反应动力学知识在药物研发和药代动力学中的应用。

【实验原理】

G6PD 活性的表示方法常用 U/L 、U/g Hb 两种形式。其中 U/g Hb 的定义为：每 1 g 血红蛋白（Hb）在 25 ℃的环境中每分钟产生 1 μmol NADPH 为 1 单位（U）。G6PD 催化葡糖 -6-磷酸（G6P）脱氢生成 NADPH，NADPH 在 340 nm 处有最大吸收峰。G6PD 比活性（U/mg 蛋白）定义为每 1 mg 总蛋白在 25 ℃的环境中每分钟产生 1 μmoL 的 NADPH 为 1 单位。

根据酶与底物形成中间产物的学说，可以得到表示酶促反应速率与底物浓度之间相互关系的方程式，即酶学上著名的米氏方程：

$$V=\frac{V_m \cdot [S]}{K_m+[S]}$$

式中，[S] 为底物浓度，V 为反应速率，V_m 为最大反应速率，K_m 为米氏常数。由米氏方程可以推出 K_m 等于反应速率达到最大反应速率一半时的底物浓度，其单位就是浓度单位（mol/L 或 nmol/L）。K_m 是酶的特性常数，与酶的结构、底物有关，而与酶的浓度无关。当同一种酶能够作用于几种不同的底物时，K_m 往往可以反映出酶与各种底物亲和力的强弱。K_m 数值越大，说明酶与底物的亲和力越弱；反之，K_m 值越小，说明酶与底物的亲和力越强，K_m 值最小的底物就是酶的最适底物。

测定 K_m 和 V_m 是酶学工作的基本内容之一，一般通过作图法求得。作图方法很多，其共同特点是先将米氏方程式变换成直线方程，然后通过作图法求得。本实验通过最常用的林 - 贝（Lineweaver-Burk）作图法，即双倒数作图法测定 G6PD 以 G6P 为底物的 K_m 和 V_m，这个方法是先将米氏方程两边同时取倒数，整理后得到：

$$\frac{1}{V}=\frac{K_m}{V_m}\cdot\frac{1}{[S]}+\frac{1}{V_m}$$

然后以 1/[S] 对 $1/V$ 作图，可得到一条直线。这条直线在横轴上的截距为 $-1/K_m$，在纵轴上的截距为 $1/V_m$，由此即可求得 K_m 和 V_m（图 32-1）。

【实验器材与试剂】

1．实验器材

紫外分光光度计、移液器、离心机。

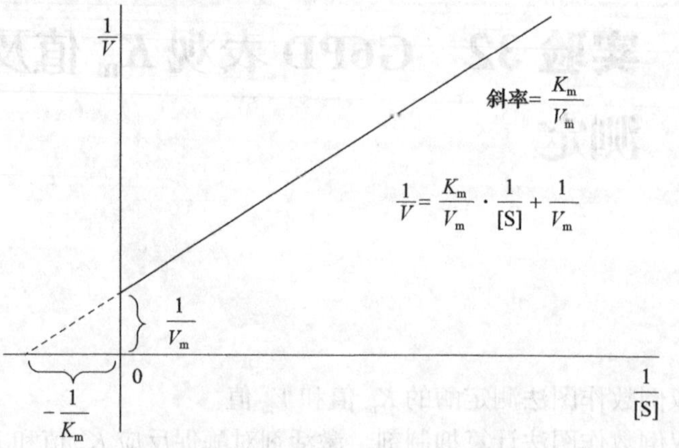

图 32-1 双倒数作图法测定 K_m 和 V_m

2. 试剂

（1）0.5 mol/L Tris-HCl $MgCl_2$ 缓冲液（pH 8.0），2 mmol/L $NADP^+$，6 mmol/L G6P-Na_2。

（2）7 mol/L 尿素。

【实验步骤】

1. G6PD 比活性测定

取 4 支 2 mL 离心管，按表 32-1 配制 G6PD 比活性测定体系。

表 32-1 G6PD 比活性测定体系的配制

加入物（μL）	空白管	细菌裂解液	过柱后	纯化
蒸馏水	1050	990	990	990
Tris-HCl-$MgCl_2$	150	150	150	150
6 mmol/L G6P-Na_2	150	150	150	150
2 mmol/L $NADP^+$	150	150	150	150
样品	–	60	60	60

混匀，于 25 ℃恒温水浴箱中保温 10 min，各管加入 7 mol/L 尿素 0.3 mL，摇匀。10 000 r/min 离心 1 min。以空白管调零，测定 340 nm 的吸光度（$\Delta A_{340\text{ nm}}$），计算 NADPH 产量。由于 NADPH 在 340 nm 处光径 1 cm 时其 1 μmoL 吸光系数（ε）为 6.220，故 10 min 内 NADPH 产量计算法为：

NADPH 产量（μmoL）＝$\Delta A_{340\text{ nm}}$1/6.22

G6PD 比活性［μmoL/（min · mg）］＝NADPH 产量（μmoL）/ 总蛋白（mg）

2. G6P 的 K_m 和 V_m 值测定

取 6 支试管，选择 $NADP^+$浓度（终浓度为 0.2 mmol/L）不变，G6P 浓度分别选择 0.03 mmol/L、0.06 mmol/L、0.09 mmol/L、0.12 mmol/L、0.18 mmol/L，按表 32-2 操作。

混匀，于 25 ℃恒温水浴箱中保温 10 min，各管加入 7 mol/L 尿素 0.3 mL，摇匀。以空白管调零，测定 340 nm 的吸光度（$\Delta A_{340\text{ nm}}$），计算 NADPH 产量。

表 32-2 G6PD 对 G6P 的 K_m 和 V_m 值测定体系的配制

加入物（μL）	G6P（mmol/L）					
	0.03	0.03	0.06	0.09	0.12	0.18
蒸馏水	1192.5	1132.5	1125	1117.5	1110	1095
Tris-HCl-$MgCl_2$ 液	150	150	150	150	150	150
6 mmol/L G6P-Na_2	7.5	7.5	15	22.5	30	45
2 mmol/L $NADP^+$	150	150	150	150	150	150
样品	0	60	60	60	60	60

【实验结果】

1. G6PD 比活性

$$\text{NADPH 产量（μmoL）} = \Delta A_{340\,nm}/6.22$$

$$\text{G6PD 比活性 [μmoL/（min·mg）]} = \text{NADPH 产量（μmoL）/ 总蛋白（mg）}$$

2. G6P 的 K_m 和 V_m 值的确定

最后以 1/G6P 为横坐标、1/G6PD 活性为纵坐标作图，即可得出 K_m 和 V_m 值。

【注意事项】

1. 样品应避免反复解冻，在测定过程中应保存样品在冰浴中。
2. 各管的 $\Delta A_{340\,nm}$ 测定过程中要注意混匀、保温和定时。
3. 样品制备好应尽快测活性，如果不能及时完成需 −20 ℃冻存。
4. 总蛋白定量用玻璃比色杯，而 G6PD 比活性测定用石英比色杯。

【思考题】

1. 什么是酶促反应动力学？试述其影响因素。
2. 请设计实验验证 G6PD 抑制剂作用的类型。
3. 说明为什么本实验测出的是 G6PD 表观 K_m。
4. 总结酶活性的影响因素。

（杨银峰）

实验 33　IEF 检测与 G6PD 相互作用的蛋白质等电点

【实验目的】

1．能够解释等电聚焦电泳技术所包含的蛋白质等电点和载体两性电解质在电泳技术中应用的原理。

2．能够运用等电聚焦电泳技术进行蛋白质的分离、纯化和鉴定研究。

3．能够说出建立 pH 梯度的常用方法及其原理。

4．能够感受到研究蛋白质的多种技术手段在具体研究工作中的使用。

【实验原理】

等电聚焦（IEF）电泳是利用两性电解质（ampholime）在凝胶内产生的 pH 梯度，电泳时蛋白质迁移到其等电点（pI）的 pH 处（此刻该蛋白质的净电荷为零），形成很窄的蛋白质区带，以此将蛋白质分离的电泳技术。该技术建立于 20 世纪 60 年代，目前其对蛋白质 pI 的确定可以精确至 0.001 pH 单位，被广泛应用于蛋白质的分离纯化、鉴定，以及蛋白质修饰等方面的研究。

在 IEF 中，向凝胶中加入大量的、pI 各不相同的小分子载体两性电解质。在电场作用下，这些载体两性电解质向其所带电荷相反的电极泳动，直到各自的 pI 位置才停止。于是在凝胶中形成一个从高到低的 pH 梯度。蛋白质是两性电解质，在偏离其等电点的 pH 环境中带电荷，在电场作用下可向其所带电荷相反的电极泳动，当蛋白质迁移到与其 pI 相当的 pH 位置，其所带电荷数为零，不再移动而形成不同的蛋白质区带。由此，IEF 电泳可基于蛋白质 pI 的差别分离蛋白质，并用于蛋白质的纯化、pI 确定以及蛋白质的鉴定（图 33-1）。

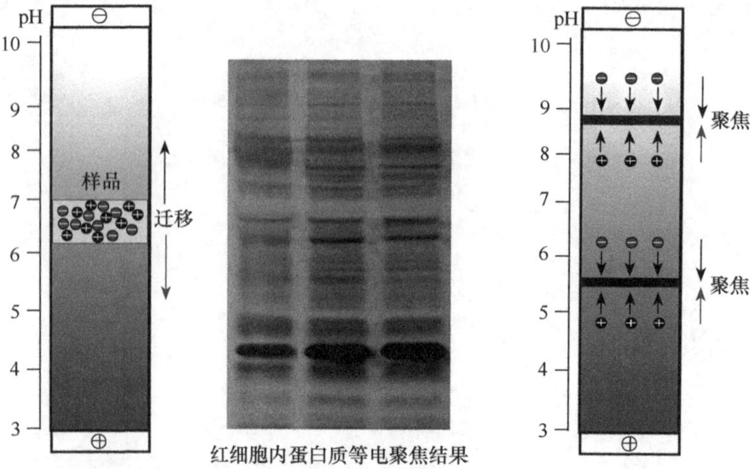

红细胞内蛋白质等电聚焦结果

图 33-1　等电聚焦电泳原理示意图

【实验器材与试剂】

1. 实验器材

等电聚焦电泳装置、移液器、封口膜（Parafilm）、玻璃长滴管、50 mL 玻璃烧杯、TB 注射器、刻度尺、刀片、坐标纸、多孔反应板、pH 计、微波炉、1.5 mL 离心管。

2. 试剂

（1）40% 载体两性电解质（Ampholine，pH 3～10）。

（2）40% 丙烯酰胺胶液、Bradford 试剂、10% 过硫酸铵（新鲜配制）、PBS 溶液、8 mol/L 尿素、Sephadex G-25、TEMED、0.9%NaCl、10% 三氯乙酸（*m*/*V*，新鲜配制）、0.01 mol/L 磷酸、0.02 mol/L NaOH（新鲜配制）。

（3）脱色液：冰醋酸 / 甲醇 / 蒸馏水（1∶4.5∶5，*V*/*V*/*V*）。

（4）考马斯亮蓝 R-250 染色液：0.1% 考马斯亮蓝 R-250、45% 甲醇、10% 乙酸。

【实验步骤】

1. 等电聚焦凝胶制备

取一套常规小型垂直电泳仪（电泳模具及组装同实验 19 SDS-PAGE 测定蛋白质的表观分子质量），组装好制胶模具，按表 33-1 所示，加入下列成分：

表 33-1　等电聚焦凝胶制备

加入物	加入量
尿素	4.2 g
40% 丙烯酰胺胶液	1.25 mL
40% 载体两性电解质	0.625 mL
蒸馏水	5.0 mL
10% 过硫酸铵	0.1 mL

轻摇混匀，将烧杯置入干燥器中，如实验条件许可抽负压排气。

取出烧杯，加入 5 μL TEMED，混匀，检查制胶模具底部是否已密封，立即将凝胶溶液用移液器转移至制胶模具（或将凝胶溶液倒入模具内），凝胶溶液灌至与凹板平齐，立即插入洁净、干燥的梳子，室温静置（*注：固相 pH 梯度等电聚焦凝胶制备中加入了高浓度尿素，凝胶聚合速度快与普通凝胶，故此处操作应快速、准确完成*）。观察凝胶聚合情况（凝胶聚合速度因不同的室温而异），一般聚合 30～40 min 左右即可。上述试剂用量可制备一块凝胶，此实验需同时制备两块凝胶。

2. 等电聚焦电泳样品制备（内容接实验 31）

收集 G6PD 抗体捕获的免疫沉淀复合物（Protein A 树脂 - 抗体 - 抗原复合物），加入 1 mL PBS 洗涤沉淀，重复一次；再加入 1 mL 双蒸水清洗沉淀。加入 380 μL 8 mol/L 尿素至沉淀，漩涡震荡仪摇动 5 min，使相互作用的抗原、抗体充分解离，离心后收集上清液。向上清液加入 20 μL 40% 的载体两性电解质，混匀即可。

3. 电泳

向下槽加入 0.01 mol/L 的磷酸。将制备好的凝胶模具从模具底座取出，然后插入电泳槽孔，下端浸入 0.01 mol/L 的磷酸电泳液中，用 TB 注射器驱除玻璃板底部的气泡。上槽加入 0.02 mol/L 的 NaOH，液面低于凹版。用微量移液器向各样品孔内加入“等电聚焦电泳样品”20 μL（缓缓注入，避免产生气泡）；再用微量移液器向上样孔内补足上槽电泳缓冲液，再向上槽内加 0.02 mol/L 的 NaOH 至液面高于凹版；上槽接负极，下槽接正极，设定为恒电流，每块胶 10 mA，通电电泳。电泳至电压升至 400 V 后，改设定为衡电压 400 V，继续电泳 2～16 h。

4. pH 梯度的确定

电泳完毕，断开电源，取出玻板，自来水冲洗干净玻板，蒸馏水中剥胶；用直尺测量凝胶总长度，从上样孔底部到凝胶底部，精确到毫米。准备 10 支 15 mm×150 mm 的玻璃试管，加入新鲜煮沸过的蒸馏水 5 mL，依次编号为 1～10。从凝胶底部（酸性端）至上样孔底（碱性端），将凝胶横向、均分切成为 10 份，将切下凝胶一次放入各相应编号的试管，从凝胶底部（酸性端）开始。将试管置于微波炉中加热 1 min，取出冷却至室温，从酸性端（1 号管）开始，逐一测定每管液体的 pH，并记录。

5. 染色

用同样方法使另一块凝胶剥出，移入平皿中，向其中加入 20 mL 10% 三氯乙酸，固定 30 min 以上。弃除三氯乙酸固定液，加入考马斯亮蓝 R-250 染色液进行染色。染色液所需量使凝胶被染液淹没即可。染色 1 h，弃除染色液，加入适量脱色液，使凝胶浸泡其中，30 min 后更换，连换 2 次，第三次放置室温过夜。脱色至背景无色透明，可用密度扫描仪对各区带进行定量扫描。

【实验结果】

绘制 pH 梯度图、确定可能与 G6PD 互作的主要蛋白的 pI。以凝胶长度为横坐标、各管的 pH 为纵坐标，制作 pH 梯度图。测量染色胶条中主要蛋白质的位置，从 pH 梯度图上找出相应的 pI。

【注意事项】

1. 所有试剂配制用水均为重蒸馏水。

2. 波浪形条带的出现，常常是由于样品中盐浓度过高。

3. 蛋白质条带丢失或过淡，可能是由于蛋白质分子质量过低（＜10 kDa）或蛋白质在固定中未被变性，增加三氯乙酸浓度即可。

【思考题】

1. 为什么蛋白质处在 pI 位置时，其净电荷为零？

2. 聚丙烯酰胺凝胶 IEF 测定蛋白质 pI 的原理是什么？

3. 聚丙烯酰胺凝胶 IEF 测定蛋白质等电点操作时应注意的问题主要有哪些？

（狄　勇）

实验 34　SDS-PAGE 分析与 G6PD 相互作用的免疫共沉淀产物

【实验目的】

1．能够解释 SDS-PAGE 技术分离和鉴定蛋白质分子质量的基本原理。

2．能够说出蛋白质硝酸银染色法的基本原理及其应用。

3．能够应用 SDS-PAGE 分离和鉴定蛋白质的分子质量。

4．能够使用蛋白质硝酸银染色法检测凝胶上的微量蛋白质。

5．能够区分 SDS-PAGE 和等点聚焦（IEF）两种方法在分离蛋白质中的差别及各自的应用范围。

【实验原理】

SDS-PAGE 是目前各生物医学实验室研究蛋白质最为常用的技术手段之一，用于对生物样品中蛋白质的组成进行定性、定量分析，蛋白质表观分子质量测定，以及作为蛋白质印迹分析和蛋白质双向电泳分析的实验步骤之一。

电泳分离方法是利用带电荷的颗粒在电场中会向其所带电荷相反的电极端泳动，而带电颗粒在电场中泳动的快慢与颗粒的大小、所带电荷的多少（两者综合成为质荷比）以及颗粒的形状有关，从而分离这三方面存在差异的不同带电颗粒。

在 SDS-PAGE 中，以带强负电荷的蛋白质变性剂 SDS 分子与蛋白质分子结合，使所有蛋白质分子发生变性失去原有空间构象，成为线性分子，消除了不同蛋白质的分子形状的差异。同时 SDS 与蛋白质分子的结合是成比例的，使不同的蛋白质分子都带几乎相同比例的负电荷，具有相同的质荷比。这样，当这些不同的蛋白质分子在自由电场中由负极端向正极端泳动时，泳动速度相同。而具有网眼结构的 PAG 具有分子筛作用，使较小的蛋白质分子易于通过（泳动快），而较大的蛋白质分子不易通过（泳动慢）。产生的综合效果是 SDS-PAGE 可以将不同分子质量的蛋白质分子按蛋白质的分子质量而分离开。蛋白质分子在 SDS-PAGE 中泳动的快慢（迁移率）与其分子质量的对数值成反比，因此 SDS-PAGE 又常常被用来测定未知蛋白质分子的表观分子质量。

不连续缓冲体系 SDS-PAGE 是 SDS-PAGE 众多方法中的一种，由于其电极液和凝胶缓冲体系的组成成分和 pH 存在差异的特点，对电泳时在电泳胶中形成的蛋白质区带具有压缩作用，极大地提高了蛋白质凝胶电泳的分辨率，而且电泳的分辨率受电泳样品体积影响较小，因而应用最为广泛。因此，本实验采用不连续缓冲体系 SDS-PAGE 方法。

实验 31 中，以 G6PD 为靶蛋白，通过 Co-IP 获得可能与 G6PD 互作的蛋白质。在本次实验中，将通过 SDS-PAGE 方法分离上述 Co-IP 的产物。

【实验器材与试剂】

1. 实验器材

成套垂直板电泳装置、电泳电源、移液器、电动摇床、染色脱色塑料盒、水浴箱。

2. 试剂

（1）分离胶缓冲液、压缩胶缓冲液、40% 丙烯酰胺胶液、10% 过硫酸铵、4×SDS-PAGE 电泳上样液、SDS-PAGE 电泳电极液、0.1% 考马斯亮蓝 R-250 染色液。

（2）TEMED（*N*, *N*, *N′*, *N′*-tetramethyl ethylene diamine，*N*, *N*, *N′*, *N′*- 四甲基乙二胺，丙烯酰胺聚合催化剂）、蛋白质分子质量标准（protein molecular weight standard）、凡士林。

（3）固定液：25% 异丙醇、10% 乙酸。

（4）脱色液：25% 乙醇、10% 乙酸。

（5）固定液：40% 无水乙醇、10% 乙酸，临用前配制。

（6）致敏液（或敏化液）：30% 无水乙醇、6.8% 无水乙酸钠、0.2% 硫代硫酸钠、0.125% 戊二醛，临用前配制。

（7）硝酸银溶液：0.25% 硝酸银、0.015% 甲醛（临用前加入，每升加 37% 甲醛溶液 400 μL）。

（8）显色液：2.5% 碳酸钠，0.0074% 甲醛（临用前加入，每升加 37% 甲醛溶液 200 μL）。

（9）终止液：1.5%Na_2EDTA。

【实验步骤】

1. 胶模准备

取灌胶模具玻璃板，长短各一；手持长玻板垂直置桌面，然后合上凹版，两板各边缘对齐，将其小心固定于制胶支架上。

2. 配分离胶与压缩胶

取一个 50 mL 锥形瓶，按表 34-1 配分离胶：

表 34-1 SDS-PAGE 分离胶和压缩胶的配制

加入物	分离胶（7.5%）	压缩胶（5%）
蒸馏水	5.525 mL	3.075 mL
40% 丙烯酰胺胶液	1.875 mL	0.625 mL
分离胶缓冲溶液（pH 8.8）	2.5 mL	—
压缩胶缓冲溶液（pH 6.8）	—	1.25 mL
10% 过硫酸铵	0.1 mL	50 μL
TEMED	10 μL	5 μL
总体积（大约）	10 mL	5 mL

立即混匀分离胶溶液，灌入胶模，距胶膜顶部约 1.5 cm，徐徐加入 1 mL 蒸馏水覆盖胶顶，等待胶液聚合。

待分离胶与其上覆盖的水层之间的分界线由清晰逐渐变为模糊和消失，当这个分界线又重新出现后，表明胶已经聚合，可以倾去上层水，用滤纸吸干。然后取一个 50 mL 锥形瓶按表 34-1 配制压缩胶，立即摇匀，灌入胶模至距胶顶约 0.5 cm；徐徐插入上样梳，勿留任何气泡于胶液中，如果胶液面未达短玻板的上缘时，需要添加压缩胶液至满；放置 40～60 min 等待压缩胶聚合。

3. 样品准备（实验 31 中保留的样品）

（1）1 号样品 10 μL，加入 4 μL　4× 上样缓冲液（loading buffer），充分混匀；

（2）2 号样品和 3 号样品各取 20 μL，各加入 7 μL　4× 上样缓冲液，充分混匀；

（3）4 号样品和 5 号样品离心弃尽 50% 甘油，加入 25 μL　2× 上样缓冲液，充分混匀；

（4）1～5 号样品管于 95 ℃加热 10 min，4 号样品和 5 号样品充分吹打混匀后 10 000 r/min 离心 1 min，取上清液上样，少量 protein A 树脂被加入样品孔内对后续实验结果无影响，但相应的上样体积将会减小。

4. 电泳装置装配

待凝胶聚合后，从制胶支架上取下模具；将电泳仪的下槽中注入部分电极液；将胶模的凹版面向电泳仪中的支架，插入电泳仪；如果发现凝胶的底部玻璃板之间有气泡，可以用注射器吸满电极液，快速注入凝胶的底部，将气泡驱除；向电泳仪上槽中加入电极液，至没过短玻板上缘 1 cm；初学者可用记号笔在上样梳的齿端标记上样井的位置，然后垂直向上缓缓拔出上样梳，如上样井壁有歪斜情况，可用拉直的回行针理直。观察上槽液是否有泄漏发生，如有泄漏发生务必要采取措施解决，只有当泄漏问题解决之后方可上样，否则电泳会在上槽电极液低于胶模的短玻板上缘时自行停止。

5. 上样

视凝胶厚度和上样井宽度，向上样井中顺序加入适当体积的样品，上样时吸头尖斜顶住上样井的长玻板面，徐徐注入样品液以及蛋白质分子质量标准物 5～20 μL。

6. 电泳

将电泳电源与电泳仪用导线相连，负极接上槽，正极接下槽；按 3 V/cm 加电压过夜电泳。

7. 固定漂洗

一般待蛋白质电泳进行到溴酚蓝带迁移至距离胶底 0.5～1 cm 处，关闭电泳电源，断开连接导线；倾去电极液，卸下胶模，将短玻板面向下平置于实验台面，用不锈钢压舌板插入两玻板下缘之间，轻轻撬起上面的玻板，用滤纸或者吸水纸贴于压缩胶上片刻，然后揭去滤纸或者吸水纸以及粘在其上的压缩胶，取下分离胶胶块浸泡于 5～10 体积固定液中，放置于电动摇床上振摇 30～60 min。

8. 染色

弃去固定液，加入 5 倍体积的染色液，于摇床上振摇 2～16 h（亦可将染料溶于固定液内，染色与固定同时进行）。

9. 脱色

倾去染色液，加入 5 倍体积脱色液，于摇床上振摇至背景的蓝色脱净，一般需要每 3～4 h 换脱色液一次，共需要换脱色液二至三次。

【实验结果】

1. 比对蛋白质标准分子质量，记录 SDS-PAGE 分离得到的 G6PD 免疫共沉淀复合物的各区带迁移情况。

2. 计算各蛋白质区带的电泳迁移率　蛋白质迁移率＝蛋白质电泳迁移距离 / 溴酚蓝电泳迁移距离。

3. 比对 IEF 方法，描述两种方法在蛋白质分离中的特点。

【注意事项】

1. 选用适合的聚丙烯酰胺凝胶浓度。最常用的聚丙烯酰胺凝胶浓度是10%，适合于分离分析16～70 kDa之间的蛋白质分子；5%的聚丙烯酰胺凝胶适合于分离60～200 kDa之间的蛋白质分子；15%的胶适合于分离12～45 kDa的蛋白质分子。有时为了在各个分子质量范围同时获得良好的蛋白质分离分析效果，可以采用连续的浓度梯度聚丙烯酰胺凝胶。

2. 聚丙烯酰胺凝胶胶液的配制量一般可以根据胶的大小和数量，成比例缩小或者扩大取量。

3. 一般聚丙烯酰胺凝胶的聚合应该在加入TEMED后的15 min内出现，凝胶的使用应该在凝胶出现聚合现象后的1 h以后，否则聚丙烯酰胺凝胶对蛋白质的分离分辨效果会降低。聚丙烯酰胺凝胶聚合过慢的原因有胶液陈旧、漏加成分、室温过低等，需要注意预防解决。

4. 聚丙烯酰胺凝胶未聚合之前发生胶液泄漏是学生实验中的常见问题。胶液泄漏的原因可能是胶模安装不紧密或是两块胶板周缘没有对齐。

5. 蛋白质的电泳分析还必须使用蛋白质分子质量标准物。蛋白质分子质量标准物可以从生物试剂公司购到，如预染蛋白质分子质量标准物（prestained protein molecular weight standard）和生物素标记的蛋白质分子质量标准物。

【思考题】

1. SDS-PAGE分离混合蛋白质的原理是什么？

2. SDS-PAGE和IFE分离蛋白质的优缺点各有哪些？

3. SDS-PAGE分离蛋白质后，通过染色法能使蛋白质条带显色。请问这样的方法能对目的蛋白进行定性的分析吗？

附：蛋白质电泳凝胶的银染色显示方法

（注意：进行任何操作时，手都不可以触及胶面，必须戴手套，只能接触凝胶溴酚蓝前沿部分，避免手指纹污染蛋白质胶面）

1. 固定漂洗：待电泳完毕，关闭电源，断开连接导线；倾去电极液，卸下胶膜；取下分离胶胶块浸泡入5倍体积（50 mL）蒸馏水，快速漂洗后，加入5体积的Silver staining fixing solution（银染固定液）振摇30 min，速度以胶块略微浮起为宜。

2. 致敏：去除固定液，用5体积的致敏液（sensitizing solution），振摇30 min；

3. 漂洗：加入5倍体积的蒸馏水，振摇5 min，去除液体后重复2次漂洗；

4. 染色：加入5倍体积Silver solution（硝酸银染液），振摇20 min（避光）。

5. 再漂洗：加入5倍体积的蒸馏水，振摇1 min，去除液体后重复1次漂洗；

6. 显色：加入5倍体积显影液（developing solution），振摇至胶块中色带清楚（一般10 min以上，显色时间依水的纯度不同而有差异），而背景略呈淡黄色；

7. 终止：立即倾去显色液体，加入5倍体积终止液（stopping solution）终止反应。照相或干胶保存结果。

（唐　璟）

第三篇

创新设计性实验

这部分的11个实验包括创新性实验和实验设计。创新实验来源于教师的科研课题，是对实验教学的拓展和补充，如DNA甲基化分析、捕获相互作用蛋白质、双向电泳、siRNA干扰、双荧光素酶活性检测等技术。实验设计则基于临床病例，根据学生所学的理论知识和实验技术，结合文献信息，设计实验方案，解决或回答提出的科学问题。可见，这部分内容为学生提供了有特色和多样性的实验教学平台和小组交流学习平台，是培养学生自主学习能力、综合分析能力、解决实际问题能力和沟通交流能力的重要途径，有助于优秀本科生或研究生拓展知识，也可作为教师和医师科研工作的参考资料。

实验 35　小鼠 PKCε 相互作用蛋白质的捕获、鉴定

【实验目的】

1．能够阐述标签蛋白质沉淀研究蛋白质相互作用的基本原理。

2．能够完成标签蛋白质沉淀研究蛋白质相互作用一般操作流程。

3．能够说出蛋白质相互作用研究技术的常用方法。

【实验原理】

标签融合蛋白质结合实验是一种基于亲和色谱原理用来分析蛋白质体外直接相互作用的方法。该方法利用一种带有特定标签（tag）的纯化融合蛋白质为诱饵（bait），在体外与待检测的纯化蛋白质或混合蛋白质样品温育，然后利用可结合蛋白质标签的琼脂糖珠将融合蛋白质回收（图 35-1），洗脱液经分离染色或免疫印迹检测。如果两种蛋白质有直接的结合，待检测蛋白质将与融合蛋白质同时被琼脂糖珠沉淀（pull-down）。在电泳胶中或免疫印迹胶片中可检测到相应条带。

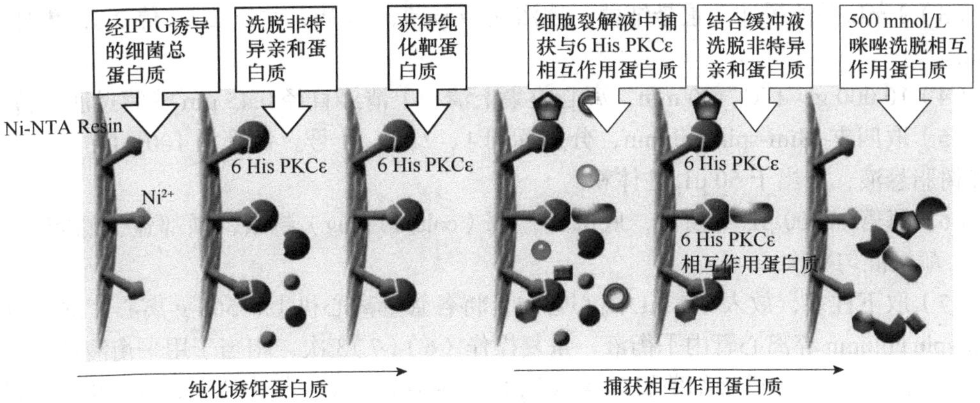

图 35-1　6His Tag protein pull-down assay 流程示意图

本实验采用 6 His-PKCε 融合蛋白质作为诱饵，在小鼠脑组织裂解液中捕获与之相互作用的相关蛋白质，通过凝胶染色观察与 6 His-PKCε 相互作用蛋白质的数目，并通过免疫印迹检测与之相互作用的已知蛋白质 BAX（Bcl-2-associated X protein）。

【仪器、材料和试剂】

1．仪器设备

台式低温高速离心机、可见光分光光度计、超声破碎仪、摇床、玻璃匀浆器、Mini-spin column（图 35-2）、0.45 μm 滤膜。

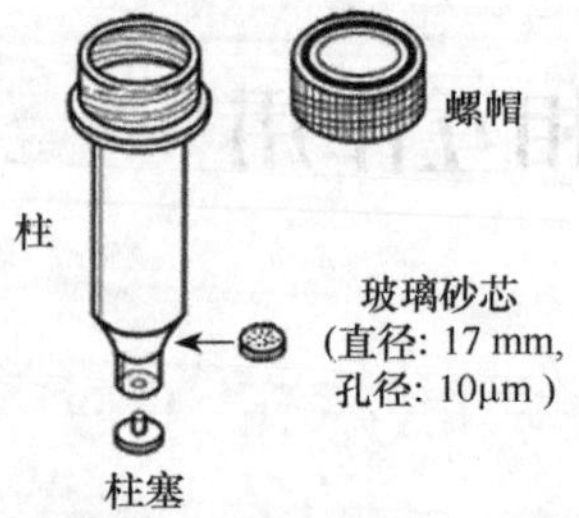

图 35-2 Mini-spin column 结构示意图

2. 样品

鼠脑、大肠杆菌 *E.coli* BL21（DE3）PlysS（经转染含 6 His-PKCε 基因原核表达质粒）。

3. 试剂

（1）LB 培养基、100 mmol/L 卡那霉素、IPTG、1×PBS（见附录二）。

（2）平衡液：300 mmol/L NaCl、50 mmol/L Na_2HPO_4（pH 8.0）、20 mmol/L 咪唑。

（3）5 mol/L 咪唑、100 mmol/L PMSF。

（4）细胞裂解液：50 mmol/L Tris（pH 7.5）、1%Nonidet P-40、150 mmol/L NaCl、1 mmol/L Na_3VO_4、2 mmol/L EGTA、混合蛋白酶抑制剂。

（5）镍离子亲和树脂 Ni-NTA His · Bind®Resins。

（6）抗体。一抗：兔抗鼠 BAX（Bcl-2-associated X protein）；二抗：辣根过氧化物酶标记羊抗兔 IgG。

【实验步骤】

1. 融合蛋白质的诱导表达及纯化

（1）重组质粒 pET-28a（＋）-PKCε，表达菌株 *E.coli* BL21（DE3）PlysS，接种于含 0.05 mg/mL 卡那霉索的 LB 培养基中，37 ℃扩增培养。

（2）当细菌生长至 $A_{600\ nm}$≈0.6～0.8 时加入 IPTG 储液至终浓度为 1.0 mmol/L，22 ℃诱导 4 h。3000 *g* 离心收集细菌，收集的菌体用 1×PBS 洗菌一次，再次离心沉淀细菌。

（3）3 mL 平衡缓冲液重悬细菌，冰浴超声破菌，20 W，每次 2 s，停 3 s，累计超声 5 min。

（4）10 000 *g*，4 ℃，30 min，离心收集上清，上清经直径 0.45 μm 滤膜过滤，待用。

（5）取四支 Mini-spin column，分别标明 1、2、3、4 号。每管加 100 μL 50% 镍离子亲和树脂悬液，相当于 50 μL 柱体积。

（6）每管加 500 μL 平衡液，底部用柱塞（column plug）封紧，顶部盖上螺帽（screw cap），颠倒混匀数次。

（7）取下柱塞，放入 1.5 mL 离心管内，将各管置离心机上，500 *g* 离心 1 min，取出 Mini-spin column 弃离心管内平衡液，重复操作（6）（7）3 次，相当于用平衡液洗柱 4 次。

（8）向 1、2、3 号管加细菌裂解液 700 μL，4 号管置 4 ℃冰箱中待用，底部用柱塞封紧，顶部盖上螺帽，颠倒混匀，置摇床上 1 h，使靶蛋白质与镍柱充分结合。

（9）重复操作（6）（7）4 次，平衡液洗脱非特异亲和蛋白质，洗脱完毕后，向管内加 100 μL 细胞裂解液（含 20 mmol/L 咪唑），置 4 ℃冰箱中待用。

2. 脑组织裂解液制备

（1）小鼠处死后，迅速取出鼠脑，用预冷的蒸馏水洗去血渍。

（2）称取 0.1 g 脑组织，放入匀浆器内，加 1 mL 细胞裂解液（含 20 mmol/L 咪唑），100 mmol/L PMSF 10 μL，冰水浴中匀浆。

（3）匀浆完毕，匀浆液冰上放置 15 min，18 000 *g*，4 ℃，离心 30 min。

（4）转移上清至另一洁净离心管内，此为脑组织匀浆液，考马斯亮蓝染色法测定样品蛋白质浓度。

（5）取 2 mg 蛋白质样品，体积不足 700 μL，用 20 mmol/L 咪唑的细胞裂解液补足。

3. 脑组织细胞中与 6 His-PKCε 相互作用蛋白质的捕获

（1）4 ℃冰箱中取出 2、3、4 号管，取下 Column plug，放入 1.5 mL 离心管内，将各管置离心机上，4 ℃，500 *g* 离心 1 min，取出 Mini-spin column 弃离心管内细胞裂解液。

（2）每管加 2 mg 蛋白质样品，体积 700 μL，旋紧螺帽，颠倒混匀，置 4 ℃摇床或冰上充分振摇 1 h。

（3）取下柱塞，放入 1.5 mL 离心管内，将各管置离心机上，4 ℃，500 *g* 离心 1 min，取出 Mini-spin column 弃离心管内脑组织匀浆液。

（4）每管加冰上预冷细胞裂解液（含 20 mmol/L 咪唑）500 μL，底部用柱塞封紧，顶部盖上螺帽，颠倒混匀数次。

（5）取下柱塞，放入 1.5 mL 离心管内，将各管置离心机上，4 ℃，500 *g* 离心 1 min，取出 Mini-spin column 弃离心管内细胞裂解液。重复此步操作 4 次，尽量洗脱非特异亲和蛋白质。

（6）向 1、2、3、4 号管各加 100 μL 含 500 mmol/L 咪唑细胞裂解液，充分混匀，室温下静置 5 min。

（7）取下柱塞，放入 1.5 mL 离心管内，将各管置离心机上，4 ℃，500 *g* 离心 1 min，1 号管所得洗脱液为纯化的 6 His-PKCε，用于电泳检测纯化诱饵蛋白质的纯度；2、3 号管所得洗脱液内含有与 PKCε 相互作用蛋白质，4 号管为镍离子亲和柱与脑组织匀浆液内非特异亲和的蛋白质（阴性对照。）

4. 相互作用蛋白质的检测

（1）SDS-PAGE 检测 6 His-PKCε 的纯度及与之相互作用蛋白质的种类，样品为 1、2、3 号管内洗脱样品各 50 μL。

（2）免疫印迹检测 BAX 蛋白质，样品为 3、4 号管内洗脱样品各 50 μL。

（3）SDS-PAGE 和免疫印迹详尽操作请分别参阅实验 19 和实验 30。

【思考题】

1．本实验中所捕获的其他相互作用蛋白质，若经免疫印迹检测后可得到相应蛋白质条带，是否就可判定两者是直接作用蛋白质，为什么？需用何种方法才能最终确定两者是直接作用蛋白质？

2．哪些实验技术可用于蛋白质相互作用研究，并简述其优缺点。

（狄　勇）

实验 36 小鼠肝脏总蛋白质的双向电泳分离

【实验目的】

1. 能够阐述双向电泳的基本原理。

2. 能够完成双向电泳的基本操作流程，为蛋白质组学的研究奠定基础。

【实验原理】

双向凝胶电泳（2-dimensional electrophoresis，2-DE）是由等电聚焦电泳（isoelectric focusing，IEF）和变性十二烷基硫酸钠 - 聚丙烯酰胺凝胶电泳（SDS-PAGE）组合而成的用于分离蛋白质的电泳技术。这一技术利用混合蛋白质样品中各蛋白质等电点的差异以及分子质量大小的差异，通过两次电泳对混合蛋白质样品进行分离，它的分辨率极高，可达 2000～4000 点，对分子质量范围在 5～200 kDa 有较好的分辨率，称为"蛋白爆炸"，是蛋白质组研究的技术平台之一。

IEF/SDS-PAGE 双向电泳是 1975 年 O'Farrall 等根据不同组分之间的等电点差异和分子质量差异建立的。但其步骤十分烦琐，影响因素多，故重复性很差。固定 pH 梯度（immobilized pH gradient，IPG）技术的出现，克服了载体两性电解质形成的 pH 梯度在等电聚焦过程中易发生漂移的缺点，使二维电泳技术的重复性和分辨率得到了极大的提高。近年来随着对 IPG 技术的不断改进和新仪器的出现，二维电泳技术基本上形成了一套标准的操作流程和条件。

目前，IEF 电泳一般采用固定 pH 梯度胶条（线性和非线性）为第一向（水平电泳）；SDS-PAGE 为第二向（垂直平板电泳）。在进行第一向 IEF 电泳时，电泳体系中应加入高浓度尿素、适量非离子型去污剂 NP-40 和 IPG 缓冲液。蛋白质样品中除含有这两种物质外还应有二硫苏糖醇以促使蛋白质变性和肽链舒展。IEF 电泳结束后，将胶条在 SDS-PAGE 所应用的样品处理液（内含 SDS、β- 巯基乙醇、碘乙酰胺）中振荡平衡，然后包埋在已制备好的 SDS-PAGE 凝胶板上端，即可进行第二向电泳。IEF/SDS-PAGE 双向电泳对蛋白质（包括核糖体蛋白、组蛋白等）的分离是极为精细的，在凝胶图谱中即可对蛋白质的等电点和表观分子质量进行初步判断，因此特别适合于分离细菌或细胞中复杂的蛋白质组分。

【仪器、材料和试剂】

1. 仪器设备

双向电泳仪设备（GE healthcare）、凝胶扫描仪、台式低温高速离心机、可见光分光光度计。

2. 样品

鼠肝。

3. 试剂

（1）细胞裂解液：8 mol/L 尿素、2 mol/L 硫脲、4%CHAPS、40 mmol/L Tris、100 mmol/L PMSF、80 mmol/L DTT、IPG buffer 0.5%。

（2）考马斯亮蓝 G-250 定量试剂盒。

（3）水化液：8 mol/L 尿素（超纯级）、2%CHAPS、1%DTT、0.002% 溴酚蓝。每支 1.5 mL 离心管分装 980 μL，置 −20 ℃冰箱保存，临用前室温下自然解冻，添加 20 μL IPG buffer（pH 3～10）致终浓度 0.5%。

（4）IPG 胶条覆盖液、TEMED。

（5）30% 丙烯酰胺、分离胶缓冲溶液、10%SDS、10% 过硫酸铵、电泳电极液、考马斯亮蓝染色液（见附录二）。

（6）封胶琼脂糖：0.5% 热琼脂糖（用电极缓冲液配制）、0.01% 溴酚蓝。

（7）平衡液（equilibration solution）：75 mmol/L Tris-HCl（pH 8.8）、6 mol/L 尿素、2%SDS、30% 甘油、1%DTT、4%IAA（碘乙酰胺）。*注：该溶液配制时应待尿素和 SDS 溶解后再加甘油，否则 SDS 不易溶解，DTT 和 IAA 在临用前添加，配制好的平衡液可置 −20 ℃冰箱中保存，用前 30 min 取出室温下解冻。*

（8）脱色液：10% 乙醇、10% 乙酸。

（9）银染试剂

① 固定液：500 mL 乙醇、100 mL 冰醋酸、400 mL 蒸馏水。

② 浸泡液：75 mL 乙醇、17 g 乙酸钠、1.25 mL 25% 戊二醛（新鲜配制）、0.5 g 硫代硫酸钠 · $5H_2O$。

③ 银染液：0.25 g 硝酸银、50 μL 甲醛（新鲜配制），用蒸馏水加至 250 mL。

④ 显色液：6.25 g 碳酸钠、25 μL 甲醛（新鲜配制），用蒸馏水加至 250 mL。

⑤ 终止液：3.65 g EDTA-Na_2 · $2H_2O$，用蒸馏水加至 250 mL。

⑥ 保存液：25 mL 87% 甘油，用蒸馏水加至 250 mL。

【实验步骤】

1. 样品处理

（1）鼠处死后，迅速取出肝脏，用预冷的蒸馏水洗去血渍。

（2）称取 0.1 g 肝组织，放入匀浆器内，加 1 mL 细胞裂解液，加 100 mmol/L PMSF 10 μL，冰水浴中匀浆。

（3）匀浆完毕，匀浆液冰上放置 15 min，20 000 *g*，4 ℃，离心 30 min。

（4）转移上清至另一洁净离心管内，Bradford 法测定样品蛋白质浓度。

（5）取 300 μg 蛋白质样品用于双向电泳，如使用考马斯亮蓝染色，样品用量应在 800～1000 μg。*注：18 cm 胶条样品上样体积为 350 μL，样品体积不足部分用水化液补足至 350 μL。*

2. 第一向等电聚焦

（1）第一向等电聚焦取 18 cm，pH 3～10 的胶条上样。*注：取胶条及剥离胶条上覆盖薄膜时，使用洁净小镊子进行操作，切忌胶条被不净物质污染，撕开胶条保护膜时应尽量避免胶条被拉断。*

（2）将含有样品的水化液均匀涂布在胶条槽两电极之间，将 IPG 干胶条胶面向下，其正极端顶至胶条槽尖端，缓慢将整个胶条放入胶条槽中，来回反复拖动避免胶面下产生气泡。

（3）覆盖一层 IPG strip cover fluid 以防电泳时水分蒸发，盖上胶条槽盖。

（4）等电聚焦参数设置　30 V，12 h→200 V，1 h→500 V，1 h→1000 V，1 h→Grad. 8000 V 50 000 vhs→500 V，1 h。

（5）按下启动开关，进行等电聚焦。

（6）凝胶条可立即使用或在 –70 ℃放置数周。

3. 第二向 SDS-PAGE

（1）安装 Ettan DALT six 灌胶模具，依照说明书进行。

（2）用 100 mL 烧杯，按表 36-1 配制分离胶：

表 36-1　12.5% 分离胶配置表

试剂	用量（mL）
30% 丙烯酰胺胶液	33.5
1.5 mol/L 分离胶缓冲液（pH 8.8）	20
10%SDS	0.8
10% 过硫酸铵	0.8
蒸馏水	25
TEMED	0.05

（3）分离胶溶液充分混匀后从一侧加入灌胶模具，上方留约 1.5～2 cm 用于琼脂糖封胶，小心地在分离胶的表面加一层水饱和正丁醇，封住胶面，以隔绝空气促进聚合并保持胶面平整。

（4）室温放置 40 min 到 1 h 后，可以看到一个界面，去掉上层覆盖液，用电极缓冲液淋洗胶面，充分去除正丁醇，放置待用。

（5）IEF 结束后的胶条放在 10 mL 含 1% 的 DTT 的 SDS 平衡液中摇床上平衡 15 min。

（6）然后放在 10 mL 含 4% 的 IAA（碘乙酰胺）平衡液中摇床上平衡 15 min。

（7）平衡后的胶条经蒸馏水润洗后，放在已制备好的 SDS-PAGE 胶上，胶面与胶条之间避免产生气泡，加 0.5% 的琼脂糖封胶液封胶。

（8）放入 Ettan DALT six 垂直电泳系统中电泳，电泳参数设置为 2 W/ 胶，1 h 进胶，调节电泳功率至 15 W/ 胶，直至溴芬兰跑至胶底缘。

（9）电泳结束后，撬开玻璃板，将凝胶剥入染色容器内，进行染色操作。

4. 银染

固定（在固定液中至少固定 30 min）→浸泡（在浸泡液中浸泡 30 min）→漂洗（用蒸馏水漂洗三次，5 min/ 次）→银染（在银染液中染色 20 min）→显色（在显色液中显色 2～10 min，仔细观察蛋白质点颜色变为深棕色，适时终止显色反应，平行样品的显色时间应一致）→终止（在终止液中浸泡 10 min）→漂洗（用蒸馏水漂洗三次，5 min/ 次）→保存（在保存液中浸泡 30 min，取出晾干）。

5. 考马斯亮蓝染色

剥胶后每块凝胶加 250～300 mL 考马斯亮蓝染液，保鲜膜封好容器，置摇床（40 r/min）

上染色过夜，次日，弃染液，加入脱色液，脱色过程中，至少更换脱色液3次以上，每次250 mL，直至背景干净为止。

6. 扫描凝胶图像

【注意事项】

由于蛋白质表达的高度可变性，适于某种样品的条件，如裂解液配方、样品制备方法等可能并不是另一种样品的最佳选择，必须根据不同样品的特点来优化这些条件才能得到最好的结果。由于蛋白质只有在整个二维分离过程中保持溶解状态才能被分析，所以裂解液和水化液中变性剂、去污剂和还原剂的种类及其浓度在这些条件中尤为重要。

【思考题】

1. 影响双向电泳的因素非常多，下图中两种情况是由何原因所致？并给出相应解决方案。

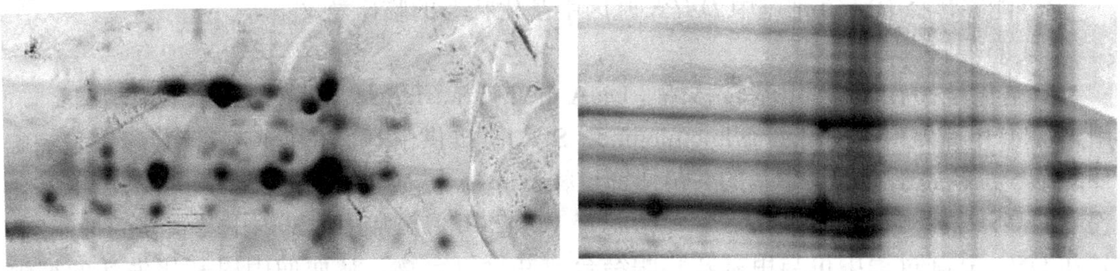

2. 试述双向电泳蛋白质样品脱盐常用的方法。

（狄　勇）

实验 37　HL-60 细胞中 *DAPK* 基因甲基化状态的检测

【实验目的】

1. 能够阐述 MSP 法测定基因甲基化的方法及其原理。
2. 能够说明 5- 氮杂胞苷抑制基因甲基化作用的方法及其原理。
3. 能够解释 HL-60 细胞中 *DAPK* 基因甲基化状态的临床意义。

【实验原理】

甲基化是指在 DNA 甲基转移酶（DNA methyltransferase，DNMT）催化作用下，利用 *S*- 腺苷甲硫氨酸（S-adenosylmethionine，SAM）提供甲基，在 CpG 二核苷酸中胞嘧啶环的第 5 位碳原子上加上甲基的共价修饰过程。DNA 甲基化修饰发生于 CpG 岛，甲基化程度的高低常影响基因的表达。5- 氮杂胞苷（5-aza-C）是常用的基因甲基转移酶抑制剂，其在 DNA 复制过程中可与甲基转移酶结合成共价复合物，从而使因甲基化失活的抑癌基因重新表达并恢复功能，从而抑制肿瘤细胞生长。死亡相关蛋白激酶（death associated protein kinase，DAPK）作为一种重要的抑癌基因可通过多种途径诱导肿瘤细胞凋亡，*DAPK* 基因启动子区甲基化状态的改变发生在多种人类肿瘤中。因此，探讨人早幼粒细胞白血病细胞系 HL-60 细胞中 DAPK 基因启动子区甲基化状态的改变将有助于揭示白血病的发生机制。

甲基化的检测方法有多种，目前以甲基化特异性 PCR（methylation specific polymerase chain reaction，MSP）较为常用。MSP 是基于亚硫酸氢钠处理 DNA 并结合 PCR 技术而建立的一种简便、特异、高灵敏度的检测单基因甲基化的方法。变性后的 DNA 经亚硫酸氢盐处理后，非甲基化的 C 被转变为 U，而甲基化的 C 则不改变。所以当处理后的 CG→UG 时，表明 C 没有甲基化，若 CG 未改变则提示 CpG 岛发生了甲基化。进而针对 *DAPK* 基因启动子区 CpG 岛设计甲基化和非甲基化引物进行 PCR 扩增，最后经琼脂糖凝胶电泳检测扩增片段即可知 *DAPK* 基因的甲基化状态。

【实验器材与试剂】

1. 实验器材

超净工作台、CO_2 培养箱、倒置显微镜、离心机、紫外分光光度仪、PCR 仪、琼脂糖凝胶电泳槽、紫外成像仪。

2. 试剂

（1）细胞培养：RPMI 1640 培养基、10% 胎牛血清、5 μmol/L 的 5- 氮杂胞苷。

（2）真核细胞基因组 DNA 提取所需试剂（详见实验 9）。

（3）CpG 甲基转移酶（M.Sss Ⅰ）、1 mol/L 氢氧化钠、10 mmol/L 氢醌（现配现用）、3 mol/L 亚硫酸氢钠（pH 5.0）。

【实验操作】

1. 细胞培养及药物处理

人早幼粒细胞白血病细胞系HL-60以5×10^5/mL的密度接种于含10%胎牛血清的RPMI 1640培养基，于37 ℃、5% CO_2饱和湿度的培养箱中培养；取对数生长期的HL-60细胞作为甲基化组，以5 μmol/L的5-杂氮胞苷处理48 h后的HL-60细胞作为抑制甲基化组。

采用经CpG甲基转移酶（M.SssI）处理及不处理的正常人外周血DNA分别作为甲基化和非甲基化的阳性对照，以去离子水作为阴性对照。

2. 基因组DNA的提取和定量

参照真核细胞基因组DNA的提取方法，分别将5-杂氮胞苷作用前后的HL-60细胞用酚/氯仿法抽提基因组DNA，最后用紫外分光光度法检测基因组DNA的纯度和质量，琼脂糖凝胶电泳检测其完整性（详见实验9）。

3. 亚硫酸氢盐修饰

取1 μg基因组DNA，加入终浓度为0.2 mol/L的氢氧化钠溶液至总体积为50 μL，37 ℃水浴孵育变性10 min。然后加入30 μL 10 mmol/L的氢醌和520 μL 3 mol/L的亚硫酸氢钠，充分混匀后以矿物油覆盖其表面，50 ℃孵育16 h。修饰后的DNA进行过柱脱盐纯化，再用终浓度为0.3 mol/L的氢氧化钠常温处理5 min，最后用乙醇沉淀被修饰的DNA，并用适量水溶解后−20 ℃储备。

4. PCR扩增DAPK基因的操作

取1 μg已修饰的各基因组DNA作模板，分别用甲基化引物和非甲基化引物行PCR。甲基化引物序列：5′-GGATAGTCGGATCGAGTTAACCTC-3′和5′-CCCTCCCAAACGCCGA-3′，引物扩增长度为98 bp，反应条件：95 ℃预变性5 min，继而95 ℃ 30 s，60 ℃ 30 s，72 ℃ 30 s，32个循环，72 ℃延伸7 min。非甲基化引物序列：5′-GGAGGATAGTTGGATTGAGTTAATGTT-3′和5′-CAAATCCCTCCCAAACACCAA-3′，引物扩增长度为106 bp，反应条件：95 ℃预变性5 min，继而95 ℃ 30 s，60 ℃ 30 s，72 ℃ 30 s，32个循环，72 ℃延伸7 min。

5. 1.5%琼脂糖凝胶电泳检测PCR产物并分析结果

紫外成像仪下观察PCR扩增产物的条带。

【实验结果】

紫外成像仪下观察PCR扩增产物，只有非甲基化引物扩增出相应片段者为甲基化阴性，而仅有甲基化引物扩增出相应片段者为完全甲基化，甲基化引物与非甲基化引物均扩增出相应片段为不完全甲基化。其中，完全甲基化和不完全甲基化均计为甲基化检测阳性。观察并比较阳性对照、阴性对照、*DAPK*基因甲基化组和抑制甲基化组的条带差异。

【注意事项】

1. 由于MSP反应的特殊性，需在修饰前测定DNA浓度，并控制模板DNA的量不宜超过2 μg，以免导致修饰不完全而影响后续反应；修饰时间应掌握在10～16 h，修饰时间过长会导致甲基化的C也转化成U且加剧DNA模板的破坏，而时间过短则导致修饰不完全；MSP反应时应同时设立阳性对照和阴性对照，避免电泳结果中出现非特异性条带而导致误判。

2. 甲基化引物设计的原则：据亚硫酸氢钠处理后的非甲基化DNA序列（C转变为

U）和甲基化 DNA 序列（C 不改变）分别设计一对引物，引物末端均设计至检测位点结束；引物序列中应包含尽可能多的 CpG 位点；甲基化引物和非甲基化引物序列 3′ 端应处于相同的 CpG 位点；两对引物应有相近的 T_m 值。用引物软件（如 Primer 5.0）推测引物对模板的扩增效率，对于扩增效率＜30% 的引物需进行优化，即在核心启动子区域前后反复调整甲基化前导引物扩增起始点，以期提高引物扩增效率。可增设外侧引物进行巢式 PCR，增加 PCR 扩增特异性，从而提高 PCR 产量。

【思考题】

1．MSP 法测定 DNA 甲基化的原理是什么？设立阳性对照和阴性对照有什么意义？

2．如何检测不同浓度的 5- 氮杂胞苷作用后的 HL-60 细胞中 *DAPK* 基因启动子区的甲基化程度？列举两种以上的检测方法并说明其原理。

3．*DAPK* 基因启动子区的甲基化为什么会成为白血病发生的机制之一？

（李思熳）

实验 38　胰岛素促进 HepG2 细胞对葡萄糖吸收的检测

【实验目的】

1. 能够阐述胰岛素促进 HepG2 细胞对葡萄糖吸收的基本理论及检测方法。

2. 能够拟定本实验方法在其他治疗糖尿病药物研究中的应用。

【实验原理】

糖尿病是威胁全人类健康的常见代谢综合性疾病。胰岛素分泌不足和胰岛素抵抗是糖尿病的两个主要病理生理特征。肝脏是胰岛素作用的重要靶器官，在维持血糖稳定中起着不可替代的作用。因此，研究肝脏糖代谢对糖尿病的预防和治疗具有十分重要的意义。

目前，临床最常用的血糖检测系统是葡萄糖氧化酶 - 过氧化物酶法（GOD-POD 法）。在该法中葡萄糖经葡萄糖氧化酶氧化后生成葡萄糖酸和过氧化氢，后者在过氧化物酶存在下与 4- 氨基安替吡啉和苯酚反应，生成红色醌类化合物，该化合物与样品中葡萄糖含量成正比，并可由光密度吸收值（OD 值）来量化，而且 OD 值与葡萄糖含量成正比。本实验对临床 GOD-POD 法进行改良，使其既可用于体外培养细胞的葡萄糖代谢检测，又可用于与糖代谢有关的药物筛选。

在本实验中，将胰岛素作用 HepG2 细胞，经微量化的 GOD-POD 法检测细胞在不同浓度、不同时间梯度的胰岛素作用下对葡萄糖吸收的影响。经多方实验结果充分证实，这一操作流程具有良好的可行性和重复性。该实验方法的建立为肝脏糖代谢功能的研究及糖尿病新型药物的生物活性检测和作用机制的探讨提供了借鉴。

【实验器材与试剂】

1. 实验器材

无菌超净台、倒置显微镜、CO_2 培养箱、细胞培养瓶、细胞培养板、移液器、酶标板、酶标仪、移液器等。

2. 试剂

高糖 DMEM 培养基、胎牛血清、青霉素（10 000 U/mL）、链霉素（10 000 μg/mL）、PBS 平衡盐溶液、0.25% 的胰蛋白酶液、人重组胰岛素（10 mg/mL）、葡萄糖检测试剂盒（GOD-PAP 法）。

【实验步骤】

1. HepG2 细胞的预培养

（1）细胞复苏　按常规方法培养，将保存于液氮冷冻的 HepG2 细胞取出迅速置于 37 ℃水浴中，快速振荡使细胞回温；在无菌操作台内，将细胞转入离心管中，加入 5 mL 预热的完全培养基混匀细胞，以 1000 r/min 离心 5 min；在无菌超净台上，弃去上清，加入少量的新鲜培养液并轻轻吹吸均匀，以 1∶10～1∶5 的比例稀释细胞，将细胞悬液移入培养瓶内。其生长条件为高糖 DMEM 培养基，10% 新生牛血清，青霉素 100 U/mL，链霉素 100 μg/mL，37 ℃、5%CO_2，饱和湿度条件下培养。

（2）细胞传代　当细胞生长至高密度时，吸出培养瓶中的培养液，用 PBS 平衡盐溶液冲洗去除残留的血清。加入 1 mL 0.25% 的胰蛋白酶液（以消化液能覆盖整个瓶底为准）后放入 37 ℃，CO_2 培养箱中孵育消化 1～3 min，并在光学倒置显微镜下动态监测。当细胞将要分离而呈现圆粒状时，吸去胰蛋白酶液，加入新鲜培养液。用吸管吸取瓶内培养液，反复吹打瓶壁上的细胞，打散细胞团块使其形成细胞悬液。再加入新鲜培养基稀释，以 1：5～1：3 的比例将细胞接种于新的培养瓶内。37 ℃、5%CO_2，饱和湿度条件下培养。取生长状态良好的对数期细胞用于实验。

（3）细胞接种　将生长状态良好的细胞按细胞传代方法，用 0.25% 胰蛋白酶消化液消化，离心收集细胞，按照 2.5×10^4 的密度将细胞接种于 96 孔板中，细胞培养液为 200 μL/ 孔。37 ℃、5%CO_2，饱和湿度条件下培养。

2. 胰岛素促进 HepG2 细胞对葡萄糖吸收的浓度梯度处理

当细胞汇合成单层时，以无血清培养基饥饿细胞 12 h 后，用细胞培养液稀释胰岛素贮存液（10 mg/mL），使其终浓度为 0、0.01 mg/L、0.1 mg/L、1 mg/L、10 mg/L、100 mg/L、1000 mg/L，每孔 200 μL 加入到细胞中。每个浓度设 3 个重复孔。经上述不同浓度胰岛素处理的 HepG2 细胞培养 24 h 后，用葡萄糖检测试剂盒检测培养基中残留的葡萄糖含量，计算出细胞的葡萄糖摄取量，并作统计学分析。

3. 胰岛素促进 HepG2 细胞对葡萄糖吸收的时间梯度处理

无血清培养基饥饿 HepG2 细胞 12 h 后，将细胞分成 2 组。1 组为未处理空白对照组，正常培养；2 组为 0.1 mg/L 胰岛素处理组。每组细胞设 3 个重复孔，37 ℃，5%CO_2，饱和湿度下培养。在 2 h、4 h、6 h、8 h、12 h、24 h 取培养基，用葡萄糖检测试剂盒检测培养基中的葡萄糖含量，计算出细胞的葡萄糖摄取量，并作统计学分析。

4. HepG2 细胞葡萄糖消耗率的检测

取培养基上清液 2 mL 加入到 200 mL 葡萄糖检测液中，每孔葡萄糖浓度至少重复检测 3 次，37 ℃反应 5～10 min 505 nm 波长下测 OD 值。

计算培养液中残留的葡萄糖浓度，公式为：

$$葡萄糖浓度（mmol/L）=OD_{样品}/OD_{标准}\times 5.55\ mmol/L$$

计算细胞对葡萄糖的消耗率，公式为：

$$细胞葡萄糖消耗率（\%）=[(C_{空白葡萄糖}-C_{给药葡萄糖})/C_{空白葡萄糖}]\times 100\%$$

应用统计学方法，计算出平均值 ± 标准差，以柱状图显示其结果。采用 SPSS 统计软件进行 *t*-test 分析，观察不同浓度及相同浓度不同时间梯度时胰岛素对肝细胞摄取葡萄糖的影响。

【注意事项】

1. 本实验为细胞水平的微量处理及检测，因此应注意实验重复孔的设置。每组处理至少设置 3 个重复孔，每孔检测至少重复 3 次，以减少实验误差。

2. 要严格控制细胞的接种密度。若细胞接种密度过低，细胞在培养过程中易聚集成堆，并且在血清饥饿时易悬浮。而接种密度若太大，则细胞很快达到接触抑制，但此时细胞状态并未恢复到最佳。因此，上述两种状况均可影响细胞对葡萄糖的吸收，为检测带来误差。

3．注意胰岛素的不同生产厂商。相同浓度单位的国内外产品，其效价可能存在差异。因此，应根据实际情况进行实验数据分析。

【思考题】

1．在本实验中，为什么需用无血清培养基进行细胞饥饿，饥饿的时间有何根据？

2．简述肝脏在机体糖代谢稳态维持中的重要功能及调控机制。

3．探讨本实验应用 HepG2 细胞作为研究对象进行肝细胞糖吸收检测的优缺点。

4．目前临床常用治疗糖尿病的药物有哪些，其降糖的方式和机制包括哪几种，各有何优缺点？

（张　巧　赛步青）

实验 39　氧化应激指标（ROS）的分析

【实验目的】

1. 能够阐述 DHE 可作为探针分析细胞内氧化应激指标 ROS 的基本原理。

2. 能够利用 DHE 探针检测方法进行细胞内 ROS 水平的分析。

【实验原理】

活性氧族物质（reactive oxygen species，ROS）是指一类由氧形成、并在分子组成上含有氧且化学性质比氧自身活泼的氧原子或原子团，如 $O_2^{\cdot-}$（超氧阴离子自由基）、HO·（羟自由基）、HO_2·（氢过氧化物自由基）、脂质氧自由基（LO·）、脂质过氧化自由基（LOO·）、ROOH（烷烃过氧化物）、H_2O_2 以及单线态氧（$^1O_2$）等。自由基（free radical）是指任何带未成对电子的原子、分子或基团。它们都有活性高，反应性强，半衰期短，多引起过氧化反应等特点，参与细胞的多种生理和病理过程。由于 $O_2^{\cdot-}$是体内 ROS 的主要来源，在 ROS 中所占比例最大，故细胞内 $O_2^{\cdot-}$的水平可以体现 ROS 含量。

二氢乙啶（dihydroethidium，DHE）可自由透过活细胞膜进入细胞内，并被细胞内 ROS 氧化形成氧化乙啶；氧化乙啶则可掺入染色体 DNA 中，进而产生红色荧光。因此，DHE 可作为活细胞内 ROS 含量检测的荧光探针，根据细胞中红色荧光的强度，可以判断细胞 ROS 含量的多少和变化。DHE 在细胞内主要被 $O_2^{\cdot-}$氧化，用流式细胞仪或荧光显微镜可直接检测，是一种快速简便的组织或培养活细胞中氧化应激指标 ROS 分析的常用方法。

【实验器材与试剂】

1. 实验器材

无菌超净台、倒置显微镜、CO_2 培养箱、细胞培养瓶、细胞培养板、移液器、流式细胞仪、荧光显微镜等。

2. 试剂

细胞培养基、胎牛血清、青霉素（10 000 U/mL）、链霉素（10 000 μg/mL）、PBS、0.25% 的胰蛋白酶液、ROS 荧光探针（DHE）。

【实验步骤】

1. 胰酶消化处于对数期的贴壁细胞，计数（5～10）$\times 10^4$ 个细胞，于 6 孔板中应用新鲜培养基培养过夜（悬浮细胞可直接计数后铺入 6 孔板）。

2. 用新鲜培养基稀释 DHE 探针，即取 20 μL 探针溶液（5 mmol/L）于 2 mL 新鲜培养基中，混匀后加入到待检测孔中，使探针终浓度为 50 μmol/L。空白对照孔中仅加入 2 mL 新鲜培养基（依据细胞种类及 ROS 含量不同，DHE 探针终浓度可选择在 1～100 μmol/L 的范围）。

3. 37 ℃培养箱中避光孵育 1～2 h（依据细胞种类及 ROS 含量不同，孵育时间可选择 10～120 min）。

4．弃探针溶液，PBS 清洗细胞 1 遍。

5．荧光显微镜下，用蓝光或绿光激发，观察和拍摄细胞红色发射图像，ROS 阳性细胞在整个核区被染成红色；用紫外光激发时，细胞质中未氧化的 DHE 可发出蓝色荧光。

6．用胰酶消化制备成单细胞悬液，用 0.5～1 mL 冰冷 PBS 重悬细胞。

7．流式细胞仪定量检测 ROS。采用 480～535 nm 波长激发，测定 590～610 nm 以上的发射波长，细胞应可分成两个亚群：ROS 阴性细胞仅有很低的荧光强度，ROS 阳性细胞有较强的红色荧光。

8．通过与未加探针的空白对照组进行对比，计算细胞内 ROS 的含量。

【注意事项】

1．DHE 探针可用于体外培养活细胞、培养或灌流组织及组织冰冻切片的检测。

2．DHE 在光照和空气中易被氧化，注意避光保存。

3．孵育结束后，用新鲜培养基或 PBS 溶液清洗细胞或组织。

4．对不同的细胞和组织，应选择合适的孵育时间和浓度，以观察 ROS 的变化。

【思考题】

1．简述机体如何维持细胞内 ROS 的平衡。

2．简述 ROS 的主要作用靶标，以及如何参与细胞内多种生理和病理过程？

3．细胞氧化应激指标（ROS）分析的其他方法还有哪些，简述其原理及优缺点。

（张　巧）

实验 40　siRNA 干扰人肾癌细胞 G6PD 表达

【实验目的】

1．能够描述 siRNA 技术干扰细胞内源性基因表达的基本原理及操作步骤。

2．能够描述 siRNA 的多种制备方法。

【实验原理】

RNAi 技术主要是指外源性双链 RNA（double-standed RNA，dsRNA）可在细胞内引起同源 mRNA 特异性的降解，从而抑制目的基因表达的技术。它的出现为基因功能分析、信号转导通路研究、基因治疗等方面提供了新的研究手段。与传统的反义核酸、基因剔除等技术相比，具有特异性高、针对性强、级联放大以及操作简便等优点。目前，siRNA 制备方法包括体外制备法（如化学合成、体外转录和用 RNase Ⅲ消化长片段双链 RNA）和体内表达法（如 siRNA 表达载体和 siRNA 表达框架）。

葡糖 -6- 磷酸脱氢酶（glucose-6-phosphate dehydrogenase，G6PD）为磷酸戊糖途径（pentose-phosphate pathway，PPP）的关键酶。PPP 的重要产物 5- 磷酸核糖和 NADPH，既为细胞的生长和增殖提供原料，也参与维持细胞的氧化还原稳态。研究证实，G6PD 在肾癌、黑色素瘤等多种肿瘤中呈现高表达和高活性。本实验应用 siRNA 干扰技术沉默人肾癌 Caki-1 细胞内源性 G6PD 表达，构建 G6PD 缺陷型 Caki-1 稳转细胞株（Caki-1-G6PD siRAN）。这一细胞模型可用于探究 G6PD 与肾癌的相关性，以及 G6PD 在肾癌发生发展中的功能及其分子调控机制。

本实验以人肾癌细胞为例，以 G6PD 为干扰的靶基因，介绍 siRNA 技术。

【实验器材与试剂】

1．实验器材

无菌超净台、倒置显微镜、CO_2 培养箱、细胞培养瓶、细胞培养板、移液器、荧光显微镜等。

2．试剂

DMEM 高糖细胞培养基、胎牛血清、PBS、0.25% 的胰蛋白酶液、Lipofectamine 2000 转染试剂和 Opti-MEM 培养基。

【实验步骤】

1．siRNA 序列和 DNA 模板的设计与合成

用 OligoEngine RNAi 软件设计针对人 *G6PD* 基因 3′ 端非编码区的 siRNA：5′-GCCTCAGTGCCACTTGACA-3，并以 siRNA 无关序列：5′-TTCTCCGAACGTGTCACGT-3′ 为对照，再分别合成两条互补并含 siRNA 或对照序列的正义链和反义链的 DNA 模板，中间以 9

个脱氧核苷酸的Hairpin结构相连，后接RNA Poly Ⅲ转录终止点，并在两端引入*Bgl* Ⅰ和*Hin*d Ⅲ酶切位点；对应于人*G6PD*基因3′端非编码区的siRNA的DNA模板是5′-GATCCCCGCCTCAGTGCCACTTGACATTCAAGAGATGTCAAGTGGCACTGAGGCTTTTTTA-3′和5′-AGCTTAAAAAAGCCTCAGTGCCACTTGACATCTCTTGAATGTCAAGTGGCACTGAGGCGGG-3′；而对应于对照序列的DNA模板是5′-GATCCCCTTCTCCGAACGTGTCACGTTTCAAGAGAACGTGACACGTTCGGAGAATTTTTTA -3′和5′-AGCTTAAAAAATTCTCCGAACGTGTCACGTTCTCTTGAAACGTGACACGTTCGGAGAAGGG-3′。

2. siRNA表达载体的构建

上述DNA模板分别经稀释、退火，与线性质粒pSP-GFP/Neo连接；再转化*E.coli* DH5α，涂布平板，过夜培养；每组样品挑取两个单菌落进行扩增培养，之后进行菌液PCR检测，条件为：94 ℃ 10 min→94 ℃ 30 s→55 ℃ 30 s→72 ℃ 30 s，共33个循环；过夜培养鉴定出的阳性菌落，提取质粒后进行测序；对于测序正确的阳性克隆，提取其不含内毒素的重组质粒。

3. Caki-1细胞株的转染

复苏培养Caki-1细胞至状态良好。转染前一天传代细胞至6孔板（2×10^5 / 孔），次日观察其汇合度约80%时进行细胞转染。转染采用Lipofectamine 2000转染试剂和Opti-MEM培养基。6孔板每孔的转染量为4 μg质粒稀释到250 μL Opti-MEM培养基（A液），取10 μL Lipofectamine 2000溶解于250 μL Opti-MEM培养基（B液），室温孵育5 min后将A液和B液混合，室温孵育20 min后加入弃培养基的细胞中。孵育6～8 h后更换为新鲜不含抗生素的完全培养基。

4. Caki-1-G6PD siRNA稳定细胞株的筛选及鉴定

细胞转染换液24 h后，更换完全培养基为含300 μg/mL G418的筛选培养基，压力筛选一周，中间换一次液。一周后在倒置显微镜下观察，把单独每一个细胞群圈出。用0.25%胰酶消化画圈的细胞群，每一团细胞收集到新的24孔板的一个孔培养。继续用300 μg/mL的G418压力筛选一周。倒置显微镜下观察，进行亚克隆筛选，挑选出正常生长细胞群传代，逐步放大培养。应用real-time RT-PCR和Western blot在mRNA和蛋白水平检测转染细胞株G6PD的表达水平。将稳转细胞株反复传代、冻存及复苏，观察其G6PD及GFP表达是否稳定。GFP表达稳定，siRNA沉默G6PD表达80%以上，即成为G6PD缺陷型Caki-1稳转细胞株。

【注意事项】

1. Lipofectamine 2000转染试剂为阳离子脂质体，应该在4 ℃保存，要注意避免多次反复长时间开盖，否则可能会导致脂质体氧化而影响转染效率。

2. DNA浓度与Lipofectamine 2000的比例通常推荐用1∶3～1∶2。但细胞种类不同，需要进行DNA浓度与转染试剂比例的优化，以达到最高转染效率。

3. 应用Lipofectamine 2000进行转染时，细胞培养基中不能添加如青霉素和链霉素的抗生素。因为Lipofectamine 2000可增加细胞膜的通透性，抗生素可进入细胞，降低细胞活性，进而降低转染效率。

4. 质粒的内毒素可降低转染效率，必要时需进行去内毒素处理。

【思考题】

1. 简述细胞转染的其他方法及各自的优缺点。
2. 应用 siRNA 技术进行基因干扰还有哪些方法，简述其原理及方法。
3. 结合新进研究进展，简述 G6PD 在肿瘤发生发展中的功能及分子调控机制。

（张　巧　赛步青）

实验 41　双荧光素酶报告实验检测转录因子对 *G6PD* 基因的转录调控

【实验目的】

1．能够应用双荧光素酶报告实验检测转录因子对靶基因的转录调控作用，并能够阐述其基本原理。

2．能够概述检测转录因子对某基因转录调控作用的其他检测方法。

【实验原理】

转录水平调控是真核生物基因表达调控的重要环节。转录通常需要 RNA 聚合酶和众多转录因子以及转录辅助因子形成复杂的转录起始复合物后才能被高效开启。在基因转录起始阶段，通用转录因子协助 RNA 聚合酶与启动子结合，但转录效率较低。只有在基因特异性转录因子（反式作用因子）的协助下，RNA 聚合酶才能高效的开启基因转录。反式作用因子（*trans*-acting factor）在基因的转录调节中具有特殊的重要性，它能直接或者间接识别并结合在基因转录调控区 8～12 bp 的核心序列上，参与靶基因转录效率的调节。

报告基因检测是真核基因转录调控研究的常用方法。由于检测光量子的方法非常敏感，采用生物发光（bioluminescent）法是报告基因检测最常用的有效手段。荧光素酶（luciferase）可催化底物荧光素的转化，发射出光子。萤火虫荧光素酶（firefly luciferase）和海肾荧光素酶（ranilla luciferase）催化的发光反应，具有相似的光学特征和很好的浓度线性范围（7～8 个数量级的线性范围），酶的检测灵敏度分别达到 10^{-18} mol 和 10^{-20} mol，但两者催化的化学反应底物和最适反应条件完全不同。上述两种荧光素酶配合形成了十分有效的双荧光素酶报告基因系统，其中 ranilla luciferase 通常作为内参照。

本实验应用 293T 细胞（人胚肾细胞），介绍双荧光素酶报告实验检测转录因子对 *G6PD* 转录水平的调控。

【实验器材与试剂】

1．实验器材

无菌超净台、倒置显微镜、CO_2 培养箱、细胞培养瓶、细胞培养板、移液器、荧光显微镜、POLAR star 荧光素酶测定仪等。

2．试剂

细胞培养基、胎牛血清、PBS、0.25% 的胰蛋白酶液、双荧光素酶报告基因检测试剂盒（#T002，Vigorous 公司）。

【实验步骤】

1．质粒载体的构建

将包含某待检测转录因子（命名为 X）结合位点的 *G6PD* 基因转录调控序列构建

到荧光素酶报告载体 pGL3-Basic 质粒上，命名为 pGL3-G6PD。将 X 转录因子构建到真核表达质粒如 pcDNA3.1（过表达，命名为 pcDNA3.1-X）或 pLL3.7（敲低，命名为 pLL3.7-X）。

2. 293T 细胞的转染

当 293T 细胞长至密度约为 80% 时，用 Lipofectamine 2000 脂质体进行细胞转染，每组三个复孔（以 24 孔板的一个孔为例）。将质粒 DNA（0.4 mg pGL3-Basic 或 pGL3-G6PD；0.6 mg pcDNA3.1 或 pcDNA3.1-X/0.6 mg pLL3.7-non-silencer 或 pLL3.7-X；10 ng pGL3-ranilla）加入无血清无抗生素的 25 μL Opti-MEM 培养基中，混匀，室温放置 5 min；将 4 μL 脂质体加入到无血清无抗生素的 25 μL Opti-MEM 培养基中，室温放置 5 min。将分别含有质粒和脂质体的 Opti-MEM 混合，室温放置 15 min 后将此混合液加入到细胞中，轻混匀，将细胞放至 37 ℃、5%CO_2 培养箱中继续培养。6 h 后，将培养基更换为完全培养基继续培养 48 h，收获细胞。

3. 转染细胞提取物的制备

细胞提取物的制备按照 Vigorous 公司的荧光素酶活性测定试剂盒说明书进行。细胞弃培养基，用 PBS 洗两遍。每孔细胞加入 120 μL 1× 通用裂解缓冲液（universal lysis buffer），室温下摇动 15 min，使之充分裂解。放入 −70 ℃冰箱内冻融一次。收集细胞并转移至 1.5 mL Ep 管，室温 15 000 *g* 离心 1 min。

4. 荧光素酶活性的测定

取 20 μL 离心后的细胞裂解液，参照荧光素酶活性测定试剂盒说明书，用 POLAR star 荧光素酶测定仪测定各种细胞提取物的萤火虫荧光素酶活性作为报告基因启动子被激活的程度；同时测定海肾荧光素酶活性作为内参，以消除由于转染效率以及细胞数量等引起的实验误差，最后计算相对荧光素酶活性（relative luciferase activity，RLU）。

5. 数据统计分析

每孔的测定值＝报告基因重组载体萤火虫荧光素酶的数值 / 内参质粒海肾荧光素酶的数值。为了减少系统误差和样品误差，每个报告基因载体的转染均设立三个平行复孔，此三孔的平均值作为该报告基因载体的测定值。每个报告基因重组体的测定值与同次实验所做的对照质粒 pGL3-Basic 的比值（fold）作为该次实验报告基因重组体的数值。每个实验重复三次，应用统计学方法，计算出平均值 ± 标准差，以柱状图显示其结果；采用 SPSS 统计软件进行 *t*-test 分析，$p<0.05$ 表示有显著性差异。

【注意事项】

1．Fassay Buffer Ⅰ和 Fassay Substrate Ⅰ应避免反复冻融，可分装成合适体积分次使用。Rassay Substrate Ⅱ溶液应盖严存放，避免蒸发。配制好未用完的 Fassay Reagent Ⅰ和 Rassay Reagent Ⅱ可在 −20 ℃保存 1 月左右。

2．细胞裂解液一般在当天测定。如需隔日测定，应将样品于 −20 ℃保存。长期保存应在 −80 ℃。测定样品量可为 10～30 μL。

3．用多孔板同时手动测定多个样品时，要尽量保证每个样品的两种试剂加入时间间隔一致。

4．Rassay Reagent Ⅱ可用于直接测定样品的 ranilla luciferase。需要注意的是，Rassay

Reagent Ⅱ直接测量的RLU要比双荧光素酶顺序检测获得的RLU高一些（反应体积等因素的影响）。

【思考题】

1. 分析预测转录因子有可能调控某一基因的转录有哪些方法？
2. 检测某转录因子对一个基因是否具有转录调控作用，还有哪些实验方法？

（张　巧　赛步青）

实验 42　乙醛脱氢酶基因突变检测的实验设计

【设计目的】

1．培养学生自主学习、获取文献信息以及实验设计的能力。

2．培养学生应用生化与分子生物学基本理论和技术解决生活中问题的能力。

【问题提出】

以酒待客是我国的传统习俗，云南少数民族地区更是如此。生活中，大家都见过“红脸人”和“白脸人”，前者喝一点点酒就脸红，后者喝很多酒，却面不改色。这是为什么？通过检测人体的酒精代谢相关基因可知答案。

【设计要求】

1．3～5 人一组，查阅文献资料，画图说明人体内酒精的代谢过程。

2．说明酒精代谢相关酶的基因定位、基因结构和基因序列。

3．设计实验检测乙醛脱氢酶突变基因型：列出实验所需的仪器、材料及试剂；说明实验技术和方法，以及其注意事项；列出参考文献。

4．由学生和老师讨论实验方案的合理性、可行性和创新性。

5．对可行的实验，可在指导老师帮助下，选题小组成员完成实验具体操作，分析实验结果并提交实验报告。

【设计评定】

根据学生小组阅读的文献量、实验设计报告、能否正确选用实验技术和方法、讨论中的沟通与交流能力等进行综合评定。

【思考题】

1．解释饮酒过程中的“红脸人”和“白脸人”的原因。

2．根据文献，归纳总结乙醛脱氢酶基因突变的类型，说明有无人群和地域的差异？

（朱月春　袁　方）

实验 43　自毁容貌综合征生化与分子基础探讨的实验设计

【设计目的】

1. 培养学生获取文献信息和实验设计的能力。

2. 培养学生应用生化与分子生物学知识分析和解决具体问题的能力。

【案例资料】

患儿男性，出生后 6 个月开始出现肌张力亢进、肌强直、剪形腿，1 岁出现舞蹈症和癫痫样发作，2～3 岁开始强制吃自己的手指、嘴唇和口腔黏膜，以后逐渐出现手足不自主动作、无故吵闹、站立困难的现象，并表现出明显的智力障碍、自残和攻击行为，常伴有发热、关节剧痛、畸形等症状。此外，实验室检测显示血尿酸是正常的 8.72 倍。根据临床表现及其高尿酸血症，推测此患儿有可能是 Lesch-Nyhan 综合征（Lesch-Nyhan syndrome，自毁容貌综合征）。

请同学利用所学的生化与分子生物学理论和技术，结合文献信息，设计实验方案，从生化代谢和 DNA 水平上来明确 Lesch-Nyhan 综合征的诊断。

【设计要求】

1. 3～5 人为一组，查阅文献资料，明确所检测指标的理论依据、实验技术、实验方法及其注意事项，说明每一实验回答的科学问题，同时列出参考文献的出处。

2. 列出每一实验所需的仪器、材料及试剂。

3. 由学生和老师讨论实验方案的合理性、可行性和创新性。

4. 对可行的实验，可在指导老师帮助下，选题小组成员完成实验具体操作，分析实验结果并提交实验报告。

【设计评定】

根据学生小组阅读的文献量、实验设计报告、能否正确选用实验技术和方法、讨论中的沟通与交流能力等进行综合评定。

【思考题】

1. 患者出现痛风症状和神经系统症状的机理是什么？

2. 根据文献，次黄嘌呤 - 鸟嘌呤磷酸核糖转移酶的基因突变有哪些？

（朱月春　张　正）

实验 44　G6PD 缺陷诊断及其分子基础探讨的实验设计

【设计目的】

1．培养学生获取文献信息和实验设计的能力。

2．培养学生应用生化与分子生物学知识分析和解决具体问题的能力。

【病例资料】

患儿男性，4 岁，云南省德宏州梁河县阿昌族，出生后 8 个月时有过不明原因的急性溶血，并经 3 次输血治疗后好转的病史。患儿父母均系梁河县阿昌族。梁河县曾是疟疾流行区，因此医生推测此患儿可能是 G6PD（葡糖 -6- 磷酸脱氢酶，Glucose-6-phosphate dehydrogenase）缺陷者。

1．请同学利用所学的生化代谢知识，明确此患儿发生急性溶血的生化机理是什么？用什么方法或技术可明确 G6PD 缺陷的诊断？

2．请同学利用所学的分子生物学理论和技术，结合文献信息，设计实验方案，探讨 G6PD 缺陷的分子机理（提示：人 *G6PD* 基因序列在 EMBL：X55448 获取）。

【设计要求】

1．3～5 人为一组，查阅文献资料，明确检测指标的理论依据、实验技术、实验方法及其注意事项，说明每一实验回答的科学问题，同时列出参考文献的出处。

2．列出每一实验所需的仪器、材料及试剂。

3．由学生和老师讨论实验方案的合理性、可行性和创新性。

4．对可行的实验，可在指导老师帮助下，选题小组成员完成实验具体操作，分析实验结果并提交实验报告。

【设计评定】

根据学生小组阅读的文献量、实验设计报告、能否正确选用实验技术和方法、讨论中的沟通与交流能力等进行综合评定。

【思考题】

1．为什么说 G6PD 缺陷是疟疾阳性选择的结果？

2．结合文献，总结云南地区 *G6PD* 基因突变的高发位点，并分析突变位点对 G6PD 结构的可能影响？

（朱月春　张　正）

实验 45　黑色素瘤细胞稳定过表达人 *G6PD* 基因的实验设计

【设计目的】

1．培养学生自主学习、获取文献信息以及实验设计的能力。

2．通过实验设计，使学生理解细胞模型构建的基本思路和方法。

【问题提出】

研究特定基因与疾病的相关性，阐明疾病的分子机制，一直是基础医学和临床医学探讨的重要问题。基因功能研究最基本的策略是进行基因“Gain of function”与“Loss of function”的实验。例如，为了研究葡糖-6-磷酸脱氢酶（G6PD）在黑色素瘤发生发展中的作用，G6PD 过表达的人黑色素瘤稳转细胞株就可作为体外 G6PD 功能研究的细胞模型。

【设计要求】

1．3～5 人一组，查阅 GeneBank 信息，简述人 G6PD 的基因定位和基本结构。

2．用流程图说明构建 G6PD 过表达的人黑色素瘤稳转细胞株的设计思路，以及表达体系。

3．列出实验所需的仪器、材料及试剂；说明实验技术和方法，以及其注意事项；列出参考文献。

4．由学生和老师讨论实验方案的合理性、可行性和创新性。

5．对可行的实验，可在指导老师帮助下，选题小组成员完成实验具体操作，分析实验结果并提交实验报告。

【设计评定】

根据学生小组阅读的文献量、实验设计报告、能否正确选用实验技术和方法、讨论中的沟通与交流能力等进行综合评定。

【思考题】

1．人 *G6PD* 基因调取的方法有哪些？设计中选用的表达载体有什么特点？

2．根据文献资料，说明稳转细胞株筛选和鉴定的方法？

（朱月春　张　正）

参考文献

陈义．毛细管电泳技术及应用．第 3 版．北京：化学工业出版社，2019.

范列英，王伟灵，胡敏，等．临床化学检验标准化操作程序．上海：上海科学技术出版社，2020.

揭克敏．医学生物化学与分子生物学实验教程．第 2 版．北京：科学出版社，2019.

李柱来．有机化学实验．第 2 版．北京：人民卫生出版社，2018.

秦文斌．红细胞内血红蛋白的电泳释放——发现和研究．北京：科学出版社，2018.

尚红，王毓三，申子瑜．全国临床检验操作规程．第 4 版．北京：人民卫生出版社，2015.

沈立松，路瑾．现代蛋白电泳筛查和诊断的临床应用．上海：上海科学技术出版社，2019.

宋方洲，何凤田．生物化学与分子生物学实验．第 2 版．北京：科学出版社，2021.

孙军．医学生物化学与分子生物学实验．北京：科学出版社，2016.

孙向东，刘拥军，黄保续，等．蛋白质结构预测——支持向量机的应用．北京：科学出版社，2008.

田余祥，秦宜德．医学分子生物学．第 2 版．北京：科学出版社，2020.

王宏兰，李淑艳，潘洪明．生物化学与分子生物学实验．北京：科学出版社，2020.

王玉明．医学生物化学与分子生物学实验技术．第 2 版．北京：清华大学出版社，2017.

魏文祥，王明华，何凤田．医学生物化学与分子生物学．第 4 版．北京：科学出版社，2018.

许文荣，林东红．临床基础检验学技术．北京：人民卫生出版社，2020.

尹一兵，倪培华．临床生物化学检验技术．北京：人民卫生出版社，2015.

周春燕，药立波．生物化学与分子生物学．第 9 版．北京：人民卫生出版社，2018.

Anne Lee. The heterogeneity of cancer metabolism. //Sambrook. 分子克隆实验指南．第 4 版．贺福初等译．北京：科学出版社，2017.

Cai T, Kuang Y, Zhang C, et al. Glucose-6-phosphate dehydrogenase and NADPH oxidase 4 control STAT3 activity in melanoma cells through a pathway involving reactive oxygen species, c-SRC and SHP2. American journal of cancer research, 2015, 5 (5): 1610-1620.

Chen L, Yang H, Yi Z, et al. LncRNA GAS5 regulates redox balance and dysregulates the cell cycle and apoptosis in malignant melanoma cells. Journal of cancer research and clinical oncology, 2019, 145 (3): 637-652.

Chen L, Zhang C, Wang Y, et al. Data mining and pathway analysis of glucose-6-phosphate dehydrogenase with natural language processing. Molecular medicine reports, 2017, 16 (2): 1900-1910.

Chomczynski P, Sacchi N. Single-step method of RNA isolation by acid guanidinium thiocyanate-phenol-chloroform extraction. Analytical Biochemistry , 1987, 162 (1): 156-159.

Ghergurovich JM, Garcia-Canaveras JC, Wang J, et al. A small molecule G6PD inhibitor reveals immune dependence on pentose phosphate pathway. Nature chemical biology, 2020, 16 (7): 736-739.

Kuipers MT, van Zwieten R, Heijmans J, et al. G6PD deficiency-associated hemolysis and methemoglobinemia in a COVID-19 patient treated with chloroquine. American journal of hematology, 2020, 9 (58): E194-196.

Nagashio R, Oikawa S, Yanagita K, et al. Prognostic significance of G6PD expression and localization in lung adenocarcinoma. Biochimica et biophysica acta Proteins and proteomics, 2019, 1867 (1): 38-46.

Naruya Saitou. Evolution of the Human Genome. Berlin: Springer, 2018.

Praoparotai A, Junkree T, Imwong M, et al. Functional and structural analysis of double and triple mutants reveals the contribution of protein instability to clinical manifestations of G6PD variants. International journal of biological macromolecules, 2020, 158:

884-893.

Tore Samuelsson. The Human Genome in Health and Disease. Berlin: Springer, 2019.

Yang HC, Wu YH, Yen WC, et al. The Redox Role of G6PD in Cell Growth, Cell Death, and Cancer. Cells, 2019, 8 (9): 1055-1064.

Yi Z, Jiang L, Zhao L, et al. Glutathione peroxidase 3 (GPX3) suppresses the growth of melanoma cells through reactive oxygen species (ROS)-dependent stabilization of hypoxia-inducible factor 1-alpha and 2-alpha. Journal of cellular biochemistry, 2019, 120 (11): 19124-19136.

Zhang Q, Han Q, Yang Z, et al. G6PD facilitates clear cell renal cell carcinoma invasion by enhancing MMP2 expression through ROS-MAPK axis pathway. International journal of oncology, 2020, 57 (1): 197-212.

Zhang Q, Yang Z, Han Q, et al. G6PD promotes renal cell carcinoma proliferation through positive feedback regulation of p-STAT3. Oncotarget, 2017, 8 (65): 109043-109060.

Zhang Q, Yi X, Yang Z, et al. Overexpression of G6PD Represents a Potential Prognostic Factor in Clear Cell Renal Cell Carcinoma. Journal of Cancer, 2017, 8 (4): 665-673.

附录一　生物化学与分子生物学常用数据库和软件

一、常用数据库

附表 1-1　常用数据库一览表

名称	简介	网址
DDBJ	日本核酸数据库（DNA Databank of Japan）	http://www.ddbj.nig.ac.jp/
EMBL	欧洲分子生物学实验室的 DNA 和 RNA 序列库	www.ebi.ac.uk/embl/
EXPASY	欧洲生物信息研究所网站，有大量蛋白质分析数据和软件	http://www.expasy.org/
GenBank	美国国家生物技术信息中心（NCBI）所维护的供公众自由读取的 DNA 序列的总数据库	www.ncbi.nlm.nih.gov/genbank/
Genecards	全面的人类基因信息网站。收录了关于人的蛋白质编码基因、假基因、遗传基因座、未分类的基因等详细信息	http://www.genecards.org
Genome	加利福尼亚大学圣克鲁兹分校（UCSC）创立和维护。包含人类、小鼠和大鼠等多个物种的基因组草图，并提供一系列网页分析工具	http://genome.ucsc.edu/
INSD	国际核酸序列数据库（International Nucleotide Sequence Databank） 由日本的 DDBJ、欧洲的 EMBL 和美国的 GenBank 三家各自建立和共同维护	http://insdc.org/
NCBI	美国国家生物技术信息中心网站	http://www.ncbi.nlm.nih.gov/
PDB	最常用的蛋白质结构数据库	http://www.rcsb.org/pdb/home/home.do
TGI database	The Gene Index Project，有大量的 EST 序列和基因索引	http://compbio.dfci.harvard.edu/tgi/

二、常用分子生物学软件

附表 1-2　常用综合性分子生物学软件

名称	功能简介
BioEdit	功能齐全的免费分子生物学应用软件，可在 Windows 中运行。其基本功能是完成核苷酸序列和蛋白质序列所有常规分析，如：序列比对、序列检索、引物设计、限制酶切位点分析、质粒图制作、系统发育分析等。其分析内容丰富，而且提供了操作简单的菜单选项和很多网络程序的分析界面和接口，性能十分优良
DNAman	高度集成化的分子生物学应用软件，进行核酸和蛋白质序列分析，如多重序列对齐、PCR 引物设计、限制性酶切分析、蛋白质分析、质粒绘图等
Vector NTI Advance	非常强大的生物类综合软件，多功能桌面化的序列分析软件包集成

附表 1-3　常用分子生物学软件一览表

用途	代表软件
RNA 二级结构预测	RNAstructure，RNAdraw，DNAstar
蛋白质结构分析	VMD，Pymol，Rasmol，Swiss-pdbviewer（Deepview），Cn3D
凝胶分析软件	QuantityOne，GelPro Analyzer，PDQuest
设计引物	Primer premier，Oligo
图形绘制与分析	Image J，SmartDraw，Chemoffice，Avogadro，Adobe illustrator
文献管理	EndNote，RefViz，Reference Manager
序列比对及进化树	BLAST，ClustalX，DNAstar，Vector NTI Advance，PLYLIP，MEGA
质粒绘图	SimVector，Plasmid processor，pDRAW

（王　昕）

附录二 生物化学与分子生物学常用试剂和培养基的配制方法

一、生物化学与分子生物学常用试剂的配制方法

1. ACD 抗凝剂：称取柠檬酸钠 2.55 g，柠檬酸 0.8 g，葡萄糖 1.2 g，加蒸馏水至 100 mL，4 ℃保存。

2. 10%APS（过硫酸铵）溶液：称取 1 g APS 溶解于终量为 10 mL 的蒸馏水中。可在 4 ℃保存数周。

3. Bradford 试剂（考马斯亮蓝 G-250 试剂）（用于蛋白质定量测定）：称取 100 mg 考马斯亮蓝 G-250 溶于 50 mL 95% 乙醇中，加入 85%（*W*/*V*）磷酸 100 mL，最后用蒸馏水定容至 1000 mL。此溶液置于棕色瓶中于常温下可放置一个月。

4. 1 mol/L $CaCl_2$ 溶液：称取 54 g $CaCl_2 \cdot 6H_2O$ 溶于 200 mL 蒸馏水中，用 0.22 μm 滤器过滤除菌，分装为 10 mL/ 份，−20 ℃贮存。【注意】制备感受态细胞时，取出一小份解冻并用高压灭菌蒸馏水稀释至 100 mL，用 0.22 μm 滤器过滤除菌，然后冷却至 0 ℃。

5. 10×DNA 电泳上样缓冲液：0.025 g 二甲苯青，0.025 g 溴酚蓝，1.25 mL 10%SDS，12.5 mL 甘油，溶于 6.25 mL 蒸馏水中，4 ℃贮存。

6. 1 mol/L DTT（二硫苏糖醇）溶液：称取 3.09 g DTT 溶于 20 mL 0.01 mol/L 乙酸钠溶液（pH 5.2），过滤除菌后分装成 1 mL/ 份，−20 ℃贮存。【注意】DTT 或含有 DTT 的溶液不能高压灭菌处理。

7. 0.5 mol/L EDTA（pH 8.0）溶液：在 800 mL 蒸馏水中加入 186.1 g $EDTA\text{-}Na_2 \cdot 2H_2O$，剧烈磁力搅拌，用 NaOH 调节溶液的 pH 至 8.0，然后定容至 1 L，分装后高压灭菌备用。

8. 1 mol/L IPTG 溶液：称取 238 mg IPTG 溶于灭菌蒸馏水中至 1 mL，−20 ℃保存。

9. 10×MOPS 缓冲液：称取 25.05 g MOPS，20.4 g 乙酸钠，30 mL 0.5 mol/L EDTA（pH 8.0），加 DEPC 处理灭菌水至 300 mL，置于棕色瓶中，室温保存。

10. 1×PBS 溶液：称取 8 g NaCl、0.2 g KCl、1.44 g Na_2HPO_4 和 0.24 g KH_2PO_4，溶于约 800 mL 蒸馏水中，用 HCl 调节溶液 pH 至 7.4，加水定容至 1 L，高压灭菌 20 min，室温保存。

11. 10%SDS（十二烷基硫酸钠）溶液：在 900 mL 蒸馏水中溶解 100 g 电泳级 SDS，加热至 68 ℃助溶，用浓盐酸调节溶液 pH 至 7.2，加蒸馏水定容至 1 L，分装备用。【注意】SDS 的微细晶粒易扩散，因此称量时要戴面罩，称量完毕后需清除残留在称量工作区和天平上的 SDS。

12. SDS-PAGE 凝胶电泳相关试剂

（1）分离胶缓冲液：0.4%SDS，1.5 mol/L Tris，pH 8.8。

（2）压缩胶缓冲液：0.4%SDS，0.5 mol/L Tris，pH 6.8。

（3）丙烯酰胺胶液。【注意】丙烯酰胺具有很强的神经毒性并可以通过皮肤吸收，其作用具有累积性。称量丙烯酰胺和亚甲双丙烯酰胺时应戴手套和面罩。

A．30% 丙烯酰胺胶液：称取 29 g 丙烯酰胺和 1 g 甲叉双丙烯酰胺，溶于 60 mL 蒸馏水中。用蒸馏水定容至 100 mL。4 ℃保存。

B．40% 丙烯酰胺胶液：称取 38.7 g 丙烯酰胺和 1.3 g 甲叉双丙烯酰胺，溶入 65 mL 蒸馏水中，用蒸馏水定容至 100 mL，用 0.45 μm 滤器过滤，置棕色瓶，置 4 ℃可以保存 1 个月以上。

（4）1 ×SDS-PAGE 电泳上样液：2%SDS，2% 巯基乙醇，10% 甘油，0.1% 溴酚蓝，62.5 mmol/L Tris，pH 6.8。

（5）SDS-PAGE 电泳电极液：1.44% 甘氨酸，0.3%Tris，0.1%SDS。

13．20×SSC 溶液：在 800 mL 水中溶解 175.3 g NaCl 和 88.2 g 柠檬酸钠，加蒸馏水定容至 1 L，调 pH 至 7.0。

14．TAE 电泳缓冲液

（1）50× 贮存液：242 g Tris，57.1 mL 冰醋酸，37.2 g EDTA · $2H_2O$，加水至 1 L。

（2）1× 工作液：40 mmol/L Tris- 乙酸，2 mmol/L EDTA。

15．TBS 缓冲液：200 mmol/L NaCl，50 mmol/L Tris，pH 7.5。

16．TE 缓冲液（pH 8.0）：10 mmol/L Tris，1 mmol/L EDTA。含 RNA 酶的 TE 需要另加入 RNA 酶（RNase），使其终浓度为 20 μg/mL。

17．1 mol/L Tris · Cl 缓冲液：在 800 mL 蒸馏水中溶解 121.91 g Tris，用浓 HCl 调节 pH 至所需值，混匀后加水至 1 L。Tris 溶液的 pH 随温度变化较大，故溶液应冷至室温后方可最后调定 pH。

18．20 mg/mL X-gal 溶液：称取 1 g X-gal，加入 40 mL DMF（二甲基甲酰胺），充分溶解后定容至 50 mL。−20 ℃避光保存。

19．苯酚 / 氯仿（1∶1，*V/V*）：先向氯仿中加入异戊醇（24∶1，*V/V*），然后将氯仿 / 异戊醇和苯酚等体积混合即可。苯酚∶氯仿∶异戊醇（25∶24∶1）。

20．标准蛋白质溶液（1 mg/mL）：准确称取 100 mg 牛血清白蛋白，加蒸馏水定容至 100 mL。溶解后分装，−20 ℃保存。

21．考马斯亮蓝 R-250 染色液：0.1% 考马斯亮蓝 R-250，45% 甲醇，10% 乙酸。

22．10 mg/mL 葡萄糖标准贮存液：称取 1 g 无水葡萄糖溶于 50 mL 饱和苯甲酸溶液中，用饱和苯甲酸溶液定容至 100 mL。

23．消化缓冲液：0.1 mol/L NaCl，25 mmol/L EDTA，0.5%SDS，10 mmol/L Tris，pH 8.0。

24．3 mol/L 乙酸钠溶液（pH 5.2）（用于 RNA 提取）：乙酸钠 40.8 g，DEPC 处理灭菌水 20 mL，加冰醋酸至 100 mL。

25．质粒提取溶液

（1）质粒提取溶液Ⅰ：pH 8.0 G.E.T 缓冲液（50 mmol/L 蔗糖，10 mmol/L EDTA，25 mmol/L Tris）。用前加溶菌酶 4 mg/mL。

（2）质粒提取溶液Ⅱ：1 mol/L NaOH 40 μL，5%SDS 40 μL，蒸馏水 120 μL，临用时配制。

（3）质粒提取溶液Ⅲ：pH 4.8 乙酸钾溶液（60 mL 5 mol/L KAc，11.5 mL 冰醋酸，28.5 mL 蒸馏水）。

二、分子生物学常用培养基的配制方法

1．LB（Luria-Bertani）液体培养基：称取 NaCl 5 g，胰蛋白胨 10 g，酵母提取物 5 g，置于 1 L 烧杯中，加入约 900 mL 蒸馏水，充分搅拌溶解。用 5 mol/L NaOH（约 0.2 mL）调 pH 至 7.0。用蒸馏水定容至 1 L，高压灭菌 20 min，4 ℃保存。

2．LB/Amp 液体培养基：将配好的 LB 液体培养基高压灭菌后冷却至 50～60 ℃左右，加入 Amp（氨苄青霉素）储存液，使终浓度为 100 μg/mL，摇匀。

3．LB 固体培养基：LB 液体培养基中加入 15 g/L 琼脂粉。高压灭菌 20 min。从高压锅内取出培养基时应小心轻轻旋动，使琼脂分布均匀。

4．LB/Amp 固体培养基：将配好的 LB 固体培养基高压灭菌后冷却至 50～60 ℃左右，加入 Amp 储存液，使终浓度为 50 μg/mL，摇匀后铺板。用封口胶封边，倒置，4 ℃保存，一个月内使用。

5．SOB 培养基：称取 0.5 g NaCl，20 g 胰蛋白胨，5 g 酵母提取物，5 g $MgSO_4 \cdot 7H_2O$ 溶于 1 L 蒸馏水中，高压消毒。

6．SOC 培养基：配制 1 mol/L 葡萄糖溶液（18 g 葡萄糖溶于 90 mL 蒸馏水中，充分溶解后定容至 100 mL，用 0.22 μm 滤膜过滤除菌）。将 SOB 培养基经高压灭菌后冷至 60 ℃或 60 ℃以下，向 100 mL SOB 培养基中加入除菌的 1 mol/L 葡萄糖溶液 2 mL，混匀，4 ℃保存。

7．TB 培养基（又称为 Terrific 肉汤）：称取胰蛋白胨 12 g，酵母提取物 24 g，甘油 4 mL，置于 1 L 烧杯中，加入蒸馏水至 900 mL，充分搅拌溶解。高压灭菌。冷却至 60 ℃或 60 ℃以下时加入 100 mL 灭菌的 KH_2PO_4 和 K_2HPO_4 的混合液（2.31 g KH_2PO_4，12.54 g K_2HPO_4 用蒸馏水溶解，定容至 100 mL）。

（范　浩　贺　铭）

附录三　生物化学及分子生物学实验常用缩略语

英文缩写	英文名	中文名
A	（1）absorbance （2）absorbency	吸收率 吸收
Acr	acrylamide	丙烯酰胺
ADP	adenosine diphosphate	二磷酸腺苷，腺苷二磷酸
AKP/ALP	alkaline phosphatase	碱性磷酸酶
ALT	alanine transaminase	丙氨酸转氨酶
AMP	adenosine monophosphate	腺苷一磷酸，腺苷酸
Amp	ampicillin	氨苄青霉素
AMV	avian myeloblastosis virus	禽类成髓细胞瘤病毒
APS	ammonium persulfate	过硫酸铵
AR	analytical reagent	分析纯试剂
ATP	adenosine triphosphate	三磷酸腺苷，腺苷三磷酸
BAC	bacterial artificial chromosome	细菌人工染色体
Bis	*N*，*N'*-methylene-bis-acrylamide	*N*，*N'*- 亚甲双丙烯酰胺
bp	base pair	碱基对
BSA	bovine serum albumin	牛血清白蛋白
CBS	cystathionine-β-synthase	胱硫醚 -β- 合成酶
ccc-DNA	covalently closed circular DNA	共价闭环 DNA
cDNA	complementary DNA	互补 DNA
CE	capillary electrophoresis	毛细管电泳
Ch	cholesterol	胆固醇
CHE	cholesterol ester	胆固醇酯
CHEH	cholesterol ester hydrolase	胆固醇酯水解酶
CHOD	cholesterol oxidase	胆固醇氧化酶
Co-IP	Co-Immunoprecipitation	免疫共沉淀
CP	creatine phosphate	磷酸肌酸
DAPK	death associated protein kinase	死亡相关蛋白激酶
DEPC	diethylpyrocarbonate	焦碳酸二乙酯
DNA	deoxyribonucleic acid	脱氧核糖核酸
DNMT	DNA methyltransferase	DNA 甲基转移酶

dsDNA	double stranded DNA	双链 DNA
dsRNA	double stranded RNA	双链 RNA
DHE	dihydroethidium	二氢乙啶
DTT	dithiothreitol	二硫苏糖醇
EB	ethidium bromide	溴乙锭
E.coli	*Escherichia coli*	大肠杆菌
ECL	enhanced chemiluminescence	增强的化学发光显示方法
EDTA	ethylene diaminetetraacetic acid	乙二胺四乙酸
EGTA	ethylene glycol bis（2-aminoethyl）tetraacetic acid	乙二醇二乙醚二胺四乙酸
ELISA	enzyme-linked immunosorbent assay	酶联免疫吸附测定（法）
FAM	carboxyfluorescein	羧基荧光素
FCH	free cholesterol	游离胆固醇
FCM	flow cytometry	流式细胞仪
FITC	fluorescein isothiocyanate	异硫氰酸荧光素
FPLC	fast protein liquid chromatograpgy	快速（蛋白）液相层析
G6PD	glucose-6-phosphate dehydrogenase	葡糖 -6- 磷酸脱氢酶
GFP	green fluorescence protein	绿色荧光蛋白
GOD	glucose oxidase	葡萄糖氧化酶
GST	glutathione-S-transferase	谷胱甘肽 S 转移酶
Hb	Hemoglobin	血红蛋白
Hcy	Homocysteine	同型半胱氨酸
HEPES	4-（2-Hydroxyethyl）-1-piperazineethanesulfonic acid	4- 羟乙基哌嗪乙磺酸
Hhcy	Hyperhomocysteinemia	高同型半胱氨酸血症
His，H	histidine	组氨酸
HPLC	high performance liquid chromatography	高效液相层析
Hsp	heat shock protein	热休克蛋白
IEF	isoelectric focusing	等电聚焦
IMAC	immobilized-metal affinity chromatography	固化金属离子亲和层析
IPTG	isopropyl-β-D-thiogalactoside	异丙基 -β-D- 硫代半乳糖苷
kb	kilobase pair	千碱基对
kDa	kilo-Dalton	千道尔顿
K_m	Michaelis constant	米氏常数
LDH	lactic dehydrogenase； lactate dehydrogenase	乳酸脱氢酶
mRNA	messenger RNA	信使 RNA
MS	methionine synthase	甲硫氨酸合成酶
MSP	methylation specific polymerase chain reaction	甲基化特异性 PCR
MW	molecular weight	分子质量
NBT	nitrotetrazolium blue	氯化硝基四氮唑蓝

NC	nitrocellulose membrane	硝酸纤维素膜
oc-DNA	open circular DNA	开环 DNA
OD	optical density	光密度
PAGE	polyacrylamide gel electrophoresis	聚丙烯酰胺凝胶电泳
PBS	phosphate buffered saline	PBS 缓冲液
PCR	polymerase chain reaction	聚合酶链反应
PDS	potassium dodecyl sulfate	十二烷基硫酸钾
pI	isoelectric point	等电点
PKC	protein kinase C	蛋白激酶 C
PMSF	phenylmethanesulfonyl fluoride	苯甲基磺酰氟
POD	peroxidase	过氧化物酶
RNase	ribonuclease	RNA 酶
RNAi	RNA interference	RNA 干扰
ROS	reactive oxygen species	活性氧族物质
RPM	round per minute	每分钟转数
RQ-PCR	Real-time quantitative PCR	实时定量 PCR
RT-PCR	reverse transcription PCR	反转录 PCR，反转录 PCR
SAM	*S*-adenosylmethionine	*S*- 腺苷甲硫氨酸
SDS	sodium dodecyl sulfate	十二烷基硫酸钠
siRNA	small interfering RNA	小干扰 RNA
SNP	single nucleotide polymorphism	单核苷酸多态性
SSCP	single strand conformation polymorphism	单链构象多态性
SWR	standard working reagent	标准工作液
TBS	Tris-buffered sodium chloride	TBS 缓冲液
TE	Tris-EDTA buffer	含 Tris 和 EDTA 的缓冲液
TEMED	*N*，*N*，*N*′，*N*′-tetramethyl ethylene diamine	*N*，*N*，*N*′，*N*′- 四甲基乙二胺
TLC	thin-layer chromatography	薄层层析
Tris	*N*-Tris（hydroxymethyl）aminomethane	2- 氨基 -2- 羟甲基 -1，3- 丙二醇
UV	ultraviolet	紫外线
X-gal	5-bromo-4-chloro-3-indolyl-β-D-galactoside	5- 溴 -4- 氯 -3- 吲哚 -β-D- 半乳糖苷
YAC	yeast artificial chromosome vector	酵母人工染色体载体
2-DE	two-dimensional gel electrophoresis	双向电泳

（范 浩 张 巧）

附录四　生物化学与分子生物学实验常用词中英文对照

A

abluent 洗洁剂
absolute（ethyl）alcohol 无水乙醇
absorbance（*A*）吸光率，吸收率
absorbency（*A*）吸收性，吸光度
absorption 吸收（作用）
absorption coefficient 吸收系数
absorption spectrum 吸收光谱
abstract 提取
acetate 乙酸盐，醋酸盐
acetic acid 乙酸，醋酸
acidity 酸度，酸性
acrylamide 丙烯酰胺
adjustable micropipetter 可调式微量移液器 / 加样器
affinity 亲和，亲和力，亲和性
affinity labeling 亲和标记
agar 琼脂
agarose 琼脂糖
agarose gel electrophoresis 琼脂糖凝胶电泳
agitate 搅动
A：G ratio A/G 比率，清球比率
alanine（Ala，A）丙氨酸
albumin 清蛋白，白蛋白
alcohol 酒精，乙醇
alcohol burner 酒精灯
alkalinity 碱度，碱性
alkaline phosphatase 碱性磷酸酶
alpha complementation α- 互补
amino 氨基
amino terminal 氨基（末）端，N-（末）端
ammonium persulfate 过硫酸铵
ampholyte 两性电解质
amplicon PCR 扩增产物
amplification 扩增
analytical balance 分析天平
analytical reagent 分析纯试剂
anhydrous 脱水的，无水的
annealing 退火
antibiotics 抗生素
antibody 抗体
antigen 抗原
antiseptic 消毒剂，防腐剂
apolipoprotein 载脂蛋白
apoptosis 凋亡
appearent molecular weight 表观分子质量
aseptic 无菌的，防腐剂
autoclave 高压灭菌器
automatic biochemical analyzer 全自动生化分析仪
automatic gel image analysis system 全自动凝胶成像分析系统
autoradiography 放射自显影
azotometer 定氮仪

B

balance 天平
base 碱基
base sequence 碱基序列
beaker 烧杯
beaker brush 烧杯刷
Beer's law 比尔定律
benchtop ultracentrifuge 台式超速离心机
biochemistry 生物化学
biochip 生物芯片
biomacromolecule 生物大分子
biotin 生物素
biuret reaction 双缩脲反应
blender 搅拌器，搅碎器
blood 血液
blood sugar 血糖
blotting 印迹分析

blotting membranes 印迹膜
blotting paper 印迹用滤纸
blue-white selection 蓝白斑筛选
blunt end 平端
bottle brush 瓶刷
bromophenol blue 溴酚蓝
buffer 缓冲液

C

capacity 容量
capillary electrophoresis 毛细管电泳
capillary electrophoresis system 毛细管电泳仪
carboxy（l）羧基
catalyst 催化剂
catecholamine 儿茶酚胺
cation 阳离子
cDNA 互补 DNA
cDNA chip cDNA 芯片
cDNA library cDNA 文库
cDNA probe cDNA 探针
cell 细胞
cell culture 细胞培养
cellophane 玻璃纸
cellulose acetate membrane 醋酸纤维薄膜
centrifugal force 离心力
centrifuge 离心机
centrifuge tube 离心管
chromatogram 层析图，色谱
chromatography 层析，色谱法
chromatography column 层析柱
clamp 夹子
clone 克隆
cloning vector 克隆载体
CO_2 incubator 二氧化碳培养箱
coomassie（brilliant）blue 考马斯亮蓝
coomassie（brilliant）blue staining 考马斯亮蓝染色
coefficient 系数
colloid 胶体
colony 菌落
colony counter 菌落计数器
color reaction 呈色反应
colorimetry 比色法
competence 感受态
competent cell 感受态细胞
competitive inhibition 竞争性抑制作用
complementary DNA（cDNA）互补 DNA
component 成分，组分
concentration 浓度
condenser 冷凝器
conformation 空间构象
conical beaker 锥形瓶
conical bottom culture tube 锥底试管
constant temperature incubator 恒温培养箱
constant temperature oven 恒温箱
content 含量
control experiment 对照实验
cosmid vector 黏粒载体，科斯质粒载体
counter 计数器
creatine 肌酸
culture dish 培养皿
culture flask 培养瓶
culture media 培养基
culture shaker 培养摇床
culture vessel 培养瓶
culture tube 培养管
cuvette 比色皿

D

2-D electrophoresis apparatus 双向电泳仪
denaturant 变性剂
denaturation 变性（作用）
density 密度
density gradient centrifugation 密度梯度离心
desiccator 干燥器
desiccant 干燥剂
detector 检测器
detergent 去垢剂，去污剂
dialysis 透析
differential display PCR 差异显示 PCR
digital gel image analysis system 数码凝胶成像分析仪
diluent 稀释剂
dilute 稀释
distilled water 蒸馏水
DNA blotting DNA 印迹（法）
DNA chip DNA 芯片
DNA ligase DNA 连接酶
DNA marker 标准分子质量 DNA
DNA polymerase DNA 聚合酶
DNA recombination DNA 重组
DNA recombination technique 重组 DNA 技术

DNA recombination technology 重组 DNA 技术
DNA sequencer DNA 测序仪
dot blotting 斑点印迹
dropper 滴管
drying oven 干燥箱，干燥炉

E

electric stove 电炉
electrical receptacle 电源插座
electrode 电极
electrolyte 电解质
electromagnetic oven 电磁炉
electrophoresis 电泳
electronic analytical balance 电子分析天平
electronic balance 电子天平
electrophoresis cell 电泳槽
electrophoresis system 电泳仪
electrophoretogram 电泳图（谱）
electrophorogram 电泳图（谱）
electroporation 电穿孔
electroporation instrument 电穿孔转化仪
electrothermal incubator 电热恒温培养箱
eluant 洗脱液，洗脱剂
eluate 洗出液
eluent 洗脱液，洗脱剂
elution 洗脱
enzyme 酶
Escherichia coli 大肠杆菌
ethanol 乙醇
exon 外显子
exponential growth phase 指数生长期
expression vector 表达载体
extinction coefficient 消光系数
extract ①提取，抽取；②提取液

F

fetal calf serum 胎牛血清
filter 过滤
filtration 过滤
flask 培养瓶，长颈瓶
flow cytometer（FCM）流式细胞仪
fluorescence 荧光
fluorescence intensity 荧光强度
fluorescence probe 荧光探针
fluorescence quantified PCR 荧光定量 PCR
fluorescence spectrophotometer 荧光分光光度计
fluorochrome 荧光染料
fluorophore 荧光基团
forceps 镊子
formamide 甲酰胺
freezer 冷冻冰箱
frost-free refrigerator 无霜冰箱
full size ultracentrifuge 大型超速离心机
fume hood 通风橱

G

gas chromatography 气相层析
gel 凝胶
gel chromatography 凝胶层析
gel comb 凝胶梳
gel dryer 凝胶干燥仪
gel imaging system 凝胶成像系统
gene 基因
gene chip 基因芯片
gene cloning 基因克隆
gene expression 基因表达
gene inactivation 基因失活
gene knock-out 基因敲除
gene library 基因文库
genetic analyzer 全自动遗传分析仪
genetic engineering 基因工程
genome 基因组
genomic DNA 基因组 DNA
genomic library 基因组文库
glassware 玻璃仪器
glass graduates with scale 刻度量杯
glass stopper 玻璃瓶塞
globulin 球蛋白
glucose-6-phosphate dehydrogenase（G6PD）6- 磷酸葡萄糖脱氢酶
glutamic oxaloacetic transaminase（GOT）谷草转氨酶
glutamic pyruvic transaminase（GPT）谷丙转氨酶
glycogen 糖原
gradient centrifugation 梯度离心
gradient thermal cycler 梯度 PCR 仪
graduated cylinder 量筒
growth media 培养基

H

hemoglobin 血红蛋白

heat shock protein（HSP）热休克蛋白
heating bath 加热水浴箱
heat-stable 耐热的，热稳定的
heparin 肝素
high density lipoprotein（HDL）高密度脂蛋白
high pressure steam sterilizer 高压蒸汽灭菌器
high speed centrifuge 高速离心机
high speed refrigerated centrifuge 高速冷冻离心机
high speed centrifugation 高速离心
histidine（His，H）组氨酸
homogenate 组织匀浆
homogenize 匀浆
homogenizer 匀浆器
homoiothermic 恒温的
horizontal gel electrophoresis system 水平凝胶电泳仪
horseradish peroxidase 辣根过氧化物酶
host 宿主
hybrid molecule 杂交分子
hybridization 杂交
hybridization *in situ* 原位杂交

I

ice machine 制冰机
ice scoop 冰勺
immunoblotting 免疫印迹法
immunoradioautography 免疫放射自显影
inactivation 灭活
incubation 保温，温浴
incubator 培养箱
induce 诱导
induced mutagenesis 诱变
inducer 诱导物
induction 诱导作用
infection 感染
inhibitor 抑制剂
insertion inactivation 插入灭活
insertion sequence（IS）插入序列
in situ hybridization 原位杂交
in situ PCR 原位 PCR
insulin 胰岛素
in vitro 体外，试管内
in vivo 体内
iodacetamide 碘乙酰胺
ion-exchange resin 离子交换树脂
ion exchange chromatography 离子交换层析
ionic strength 离子强度
isoelectric focusing 等电聚焦
isoelectric focusing system 等电聚焦仪
isoelectric point（pI）等电点
isoelectric separation 等电分离

J

jar 广口瓶

K

kalium 钾
kinase 激酶
kinetic coefficient 动力学系数
kinetic constant 动力学常数
Klenow fragment Klenow 片段，DNA 聚合酶 I 大片段

L

lab cart 实验室样品推车
lab sink 实验室水槽
lab stool 实验凳
laboratory notebook 实验记录本
laboratory coat 工作服
label 标签
lactose 乳糖
laser scanning confocal microscope 激光扫描共焦显微镜
Lambert-Beer law 朗伯 - 比尔定律
latex glove 乳胶手套
ligand 配体
ligase 连接酶
liquid nitrogen 液氮
liquid nitrogen storage tank 液氮储存罐
loop 细菌接种环
low speed centrifuge 低速离心机
lysis 溶菌作用
lysozyme 溶菌酶

M

magnetic stirrer 磁力搅拌器
malonic acid 丙二酸
marker 记号笔
medicine dropper 滴管
medium 培养液
methylase 甲基化酶

methylation 甲基化
methylene blue 亚甲蓝，甲烯蓝
microbalance 微量天平
microcentrifuge 微型离心机
microcentrifuge tube 微型离心管
microliter syringe 微量注射器
microinjection 显微注射
microinjector 微量注射器
microplate reader 酶标仪
micropipetter 微量移液器
micropipetter tip 微量移液头
microwave oven 微波炉
milligram 毫克
mince 切碎
mini gel system 迷你凝胶电泳仪
mitochondrial DNA（mtDNA）线粒体 DNA
mixer 混合器，搅拌器
mobility 迁移率
molecular cloning 分子克隆，无性繁殖
molecular hybridization 分子杂交
molecular weight 分子质量
monoclonal antibody 单克隆抗体
mortar 研钵
multichannel pipetter 多道移液器
multifunctional PCR 多功能 PCR 仪
multiplex PCR 多重 PCR
mutation 突变

N

negative 负的，阴性的
nick 缺口
nick translation 缺口平移法
non-protein nitrogen 非蛋白氮
Northern blotting RNA 印迹
nucleic acid 核酸
nucleic acid hybridization 核酸分子杂交
nucleic acid sequencing system 核酸序列分析仪

O

oligonucleotide 寡核苷酸
orbital rocker 旋转混匀器
optimum pH 最适 pH
optimum temperature 最适温度
outlet strip 电源插座板
oven 烤箱

P

paper chromatography 纸层析，纸色谱法
paper label 标签
paraffin film 密封用石蜡薄膜
PCR thermocycler 基因扩增仪
PCR plate PCR 板
penicillin 青霉素
pestle 研杵
pH buffer pH 缓冲液
pH meter pH 酸度计
pH paper pH 试纸
pH testing strips pH 试纸
plasma 血浆
plasmid 质粒
pipette 移液管，吸量管
pipette tip 移液器吸头，枪头
pipettor 移液器
polyclonal antibody 多克隆抗体
polymerase 聚合酶，多聚酶
polymerase chain reaction（PCR）聚合酶链反应
polymorphism 多态性，多态现象
point mutation 点突变
positive 正的，阳的
power supply 电源
precipitation reaction 沉淀反应
pre-cast gel 预制凝胶板
pretreat 预处理
primer 引物
probe 探针
protease 蛋白酶
protein 蛋白质
protein chip 蛋白质芯片
protein expression 蛋白质表达
protein kinase 蛋白激酶
purification 纯化
purity 纯度

R

radioactivity 放射性
radioautography 放射自显影
random primer 随机引物
random priming 随机引物法

reagent 试剂
reagent bottle 试剂瓶
Real-time fluorescence quantified PCR 实时荧光定量 PCR
receptor 受体
reference weight set 标准砝码系列
refrigerator 冰箱
relaxed circular DNA 开环 DNA
repeating pipetter 连续移液器
reporter gene 报告基因
restriction endonuclease 限制性核酸内切酶
restriction fragment length polymorphism（RFLP）限制性片段长度多态
restriction map 限制酶切图谱
reverse transcription 逆转录
ribonuclease（RNase）RNA 酶
RNase HRNA 酶 H
rocker 混摇器
rocking platform 摇床
rotor 离心机转头
rubber pipette bulb 洗耳球
rubber stopper 橡皮瓶塞

S

safety glasses 安全眼镜
salt precipitation 盐析
sample 样品
sampling 采样，抽样
scalpel 解剖刀
scanner 扫描器
scintillation counter 闪烁计数仪
scissors 剪刀
screening 筛选
seal sample bag 密封样品袋
semi-dry transfer unit 半干转膜仪
separation 分离
sequence 序列
sequencing 测序
sequenator 序列分析仪
serum 血清
shaker 摇床，混合器
shoe covers 鞋套
sodium tetraphenylboron 四苯硼钠
solid medium 固体培养基
solubility 溶解度
solute 溶质
solution 溶液
solvent 溶剂
sonic oscillation 超声振荡
sonication probe 超声（探）头 / 端子
sonicator 超声破碎仪
Southern blot DNA 印迹
spatula 药匙
specimen 样品，标本
spectrofluorimeter 荧光分光光度计
spectrophotography 分光光度法
spectrophotometer 分光光度计
squirt bottles 洗瓶
standard curve 标准曲线
steam sterilizer 蒸汽灭菌器
stir 搅动
stir bar 磁力搅拌转子
stopcock 活塞，玻璃活塞
stopper 塞子
substrate 底物
superhelix 超螺旋结构
supernatant 上清液
syringe needle 注射器针头

T

Taq DNA polymerase *Taq* DNA 聚合酶
test tube 试管
test tube holder 试管夹
test tube rack 试管架
test tube shelf 试管架
template 模板
terminal transferase 末端转移酶
tetracycline 四环素
thermoduric 耐热的
thermometer 温度计
thermostat 恒温器
thermostatic oscillation incubator 恒温振荡培养器
thermostatic oven 恒温烤箱
thermostatic water bath 恒温水浴箱
timer 定时器
thin membrane electrophoresis 薄膜电泳
tissue 组织
tissue grinder 组织研磨器
tissue culture 组织培养
tissue homogenate 组织匀浆
tracer isotope 示踪同位素

transaminase 转氨酶
transfer apparatus 电转仪
transduction 转导，转导作用
transfection 转染
transformation 转化
transmittance 透光度
transmittancy 透射比
tube brush 试管刷
tumbling mixer 翻转混匀器

U

ultra freezer 超低温冰箱
ultra purified water system 超纯水系统
ultrabalance 微量天平
ultracentrifuge 超速离心机
ultracentrifugation 超速离心
ultrafiltration membrane 超滤膜
ultrasonication 超声破碎
ultrasonator 超声振荡器
ultrasonic cell disruptor 超声细胞破碎仪
ultraviolet absorption 紫外吸收
ultraviolet lamp 紫外观察灯
ultra-low temperature freezer 超低温冰箱
universal microplate reader 通用酶标仪
urea 尿素
UV spectrophotometer 紫外分光光度计
UV/VIS spectrophotometer 紫外可见分光光度计

V

vacuum drying apparatus 真空干燥器
vacuum drying oven 真空干燥炉 / 箱
vaseline 凡士林
vector 载体
vertical electrophoresis apparatus（system）垂直电泳仪
virus 病毒
VIS spectrophotometer 可见分光光度计
volumetric flask 容量瓶
vortex mixer 漩涡混匀器

W

water bath shaker 水浴摇床
water bath 水浴，水浴槽
water bath pot 水浴锅
water still 蒸馏水器
wave length 波长
96-well plate 96 孔板
weighing paper 称量纸
Western blot 蛋白印迹
wild type 野生型
wiper for lens 擦镜纸

X

xerogel 干凝胶

Y

yeast 酵母
yeast two-hybrid system 酵母双杂交系统

（范　浩）